講談社文庫

猫とわたしの東京物語

新美敬子

講談社

目次

D·O·L·L

かせて安心！
リちゃんマーク」
お店です。
の美学
Professional Cleaning

Prologue
プロローグ

東京のなかに
わたしを探したら
猫がいた

紛《まぎ》れてしまいたかったのか
人恋しかったのか

空が青い日は
這《は》いつくばってみた

帰るところと
大切なものがある人が
うらやましかった

居場所を求めて
わたしは東京を歩いた

第1章

『職業犬猫写真家 猫とわたしの東京物語』全編

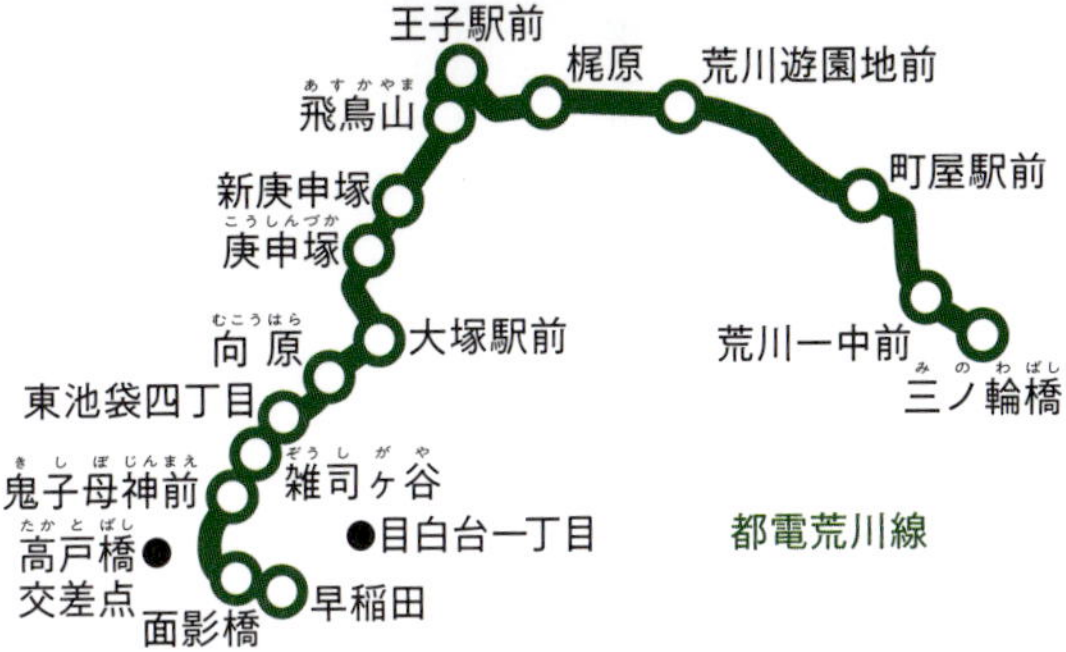

早稲田

猫も自分も、ほかにいるところがないからねぇ

公園へ行くと、公衆トイレの壁際から勢いよく走っていく猫が見えた。その姿を目で追えば、猫は古い雑誌や週刊誌が積まれた上へ。男性の人影があったので、猫を撮りたいのですけどいいですか？　と声をかけた。

反応はあったのかなかったのか。公園の片隅の暗い場所でその男性は10匹の猫に囲まれていた。反射的に無造作に、また本能的にわたしは猫たちの姿をとらえ、シャッターを押していた。

この猫は、すごい貫禄ですねー。オスですよね、きれいですね。と、ファインダーを覗《のぞ》きながら、話しかけるでもなくわたしはひとり喋《しゃべ》り続けた。

「あー、あそこにいるのがね、お母さん。2年前の春に一度に6匹も。全部オスだったんだよね。このパンダ柄もいっしょに生まれた兄弟」
男性は公園にいる猫の血縁関係を話しはじめた。とてもお詳《くわ》しいですね、猫のことをよくご存知なのですね、と水を向けると、
「ずっと見てきたから。詳しいもなにも。ここで見てきただけだから……」
それから、毎日夕方に必ず現れ、猫に食餌《しょくじ》を与える奇特な婦人がいることや、その婦人が猫をつかまえては避妊手術をしていることなどを聞いた。できることならわたしもノラ猫の世話をしたいが、一日たりとも休まないで続ける覚悟もなければ約束もできないからいまはしないでいると、なぜか話していた。

男性がうなずいたのかどうか。やおら1匹のキジ猫を抱いて歩き出した。
「この猫は、小さいときからかわいがってて知っているから。ここから向こうへ歩いていくから」。そう言うやいなや、ジャングルジムの手前で手を放す。と、キジ猫は駆け抜けるように、ジャングルジムの細い棒の上を歩き、元いた場所に座った男性の膝の上へ、あっという間に戻った。
「こんなこと普通の猫じゃできないでしょ。並大抵の猫じゃできないよ。だって、あんなに細い棒だもの」
キジ猫は肩をやさしくトントンされて、目を細めていた。

後退《あとずさ》りが得意ではないので、ひたすら前方に進む猫。細い棒の上を器用に歩けることを自慢するかのようにシッポを上げて、一瞬こちらを見た

1匹でいるよりも2匹でいるときのほうが、顔つきがやさしい。毛並みがよく似ているきょうだいは、仕種やたたずまいもシンクロしていた

鬼子母神前

猫盗りが来てね、
タマちゃんが誘拐されちゃったの

ここに集まる人たちはみんな、この猫、タマの帰りを待っている。駄菓子屋の上川口屋は向かって左手、タマのシッポの先にある

「創業一七八一」の看板を掲げる上川口屋には、子どもたちはもちろんのこと、おとなも、猫も遊びにやってくる

江戸時代から鬼子母神《きしもじん》伝説が受け継がれるお堂に、子連れの参拝客が大勢集まる。初めて目にした者は誰しも足を止め、デジャヴという名の小さな竜巻に襲われてしまうような光景が、この境内にはある。大銀杏《おおいちょう》が木陰を落とす上川口屋は、江戸時代の飴屋《あめや》にルーツを持つ駄菓子屋だ。

上川口屋の主人は、子どもたちから〝猫のおばちゃん〟と呼ばれていた。境内に捨てられた子猫を救うのはもちろんのこと、小学校の校庭に捨てられた猫も猫のおばちゃんに相談すれば、なんとか活路が見出された。ここにはかつて里親の出現を待つ猫が数匹、いつも境内で遊んでいた。

11円や21円の駄菓子を買って猫と遊んだり、子どもたちのお喋りに耳をそばだてながら、鳩にポップコーンを袋ごとやる老婦人を眺めたりして過ごすうちに、胸の中に生えてしまったトゲトゲに自然にヤスリがかかるのであった。

ある年、通い詰めて写真を撮った。いつでも出迎えてくれた猫たち。猫のおばちゃんからいろいろな話を聞き、ここに集う人々からも面白い話が聞けた。初対面の人とも屈託なく話ができた。思いがけずその人と境内で

再び会ったりすると、旧知の友との再会のように、互いに満面の笑みを浮かべたものだ。
あまりにも濃密なときを過ごすうちに、わたしはそこへ行くのを億劫《おっくう》に思うようになってしまった。知り過ぎてしまうと、苦しくなることがある。
30歳くらいの若い男が朝早く、あっという間にタマをつかまえて持って行ってしまったと、久しぶりに訪ねて聞いた。アイドルだったタマがどうしているか心配し、ここに集う人々は憤《いきどお》る。高齢のタマを連れ去って一体なにをしようというのだ、と。
タマのいない境内は風が冷たく、わたしはますます足が向かなくなってしまいそうだ。

境内に隣接する家から散歩に来る猫たち。人の目につく場所で休んでいる猫には挨拶をして、その後の様子によっては遊んでやるのが礼儀と思う

町屋駅前

年寄りの
ひとり暮らしじゃ
かわいそうだけど、
猫なんて連れて
行かれないわよ

町屋駅前

ポカポカと暖かいお正月のこと、空き地に猫が7匹ほどいた。猫たちに気がついた通りすがりの人が、確認するように近づいては去っていった。

坂道に差しかかると、通りのはじっこに円陣を組むように人々がいて、人の輪の中に猫がいた。それぞれに持ち寄ったドライのキャットフードを与えながら、口々に猫に言葉をかけていた。円陣の隙間《すきま》からレンズを差し込むと、人々は後退りしてしまった。

いきなり撮ろうとしてすみませんと言う間もなく、年配の女性が矢継ぎ早に質問を浴びせてきた。

「なに？　撮ったの？　あなた、カメラマン？」

返答しようと口を開ける前に、

「カメラは、なに?」

面食らってしまって、というよりも、答えようとするそばから質問を浴びせられるので、言葉を発せられない状況がしばらく続いた。

「レンズは、なに? 日本光学? いいレンズ使ってるね」

猫を撮っていて、これほど機材に興味を持たれることも珍しい。ましてや相手は年配の女性だ。

「あたしゃカメラマンなんだよ。プロ」

彼女はなおも続けた。

「石原裕次郎と同い年。みんな情けないね、先に死んじまってさ。いま、町屋の駅前で飲んできたところなのよ。おねえさんはどこからきたの? なにを撮っているの? かっこいいね」

「わたしの部屋には、猫が6匹いる」と言うと、
ほろ酔い加減の人は、言葉少なになってしまった

住まいは目白の近くで、猫を撮っているんですと、やっとのことで答えられた。

「え？　猫はいるよ、このあたりいっぱい。うちの猫かわいいよ。毎日餌《えさ》をやりに来ているんだよ。撮るかい？」

わたしは彼女に促されるまま、しばらくいっしょに歩いた。

「ここで呼ぶと来るんだよ。チィビ、チビよー」

空き地に猫が小走りで出てきた。そこは、去年まで彼女の家があった場所だという。移り住んだ部屋では飼えないから、古家に猫を置いたままにした。いまでは空き地となったその場所にずっと餌を届けにきているのだと、そう話したあとは、語り続ける先がチビという名の猫に変わっていた。

面影橋

はいっ、もっといいお顔して～ するどい目つき するんじゃないの

「あら～、チャムちゃん、お写真を撮ってもらってんの。いいわねー」

背後から嗄《か》れた声が飛んできた。レンズ前の猫は、ブスッとしたままだ。

「娘がね、たまに帰ってくると、こうやってこうやって、ケータイ向けて追っかけ回すもんだから、いやな顔しかしないのよ～」

ふり向くと、年配の女性が身ぶりをまじえ踊るように話していた。わたしはその女性に見覚えがあった。年齢の割にそつのない化粧を施し、青緑色のアイシャドーも似合っていた。8年前に会っている人だ。ということは……、と、達観したような顔つきをしている猫に若い頃の面影が蘇《よみがえ》った。

随分《ずいぶん》と貫禄がついたものだ。8年前はたしか去勢をしたばかりで、手術をすると猫はどう変わるかと井戸端会議の花が咲いていた。その話を聞くともなしに聞きながら、わたしはチャムちゃんとの撮影を楽しんだのだった。

「チャムちゃんはね、いっぱいお写真を撮ってもらっているのよ。前にね、

雑誌にも載ったことがあるの」
そうそう。東京キャットストリートというタイトルの連載にチャムちゃんの写真を掲載したのだった。その月刊誌を手渡すと、居合わせた近所の人からも「よかったわね〜」と、チャムちゃんは代わる代わる頭をなでられた。雑誌のことは覚えているけれど、持ってきたわたしのことは忘れてしまっている。それでいい。こんなに立派な猫ですもの、写真映えするに決まっていますと言いながらわたしは笑った。

袋小路になっているこのあたりでは、たまに通る車は最徐行しているから、猫がぽかんとしていても危険が及ぶことはないという。すぐ近くで早稲田通りから不忍《しのばず》通りへと抜ける道路の新設工事がはじまろうとしている。いつの間にか人も猫も立ち退《の》いていなくなってしまった。「この土地は道路になります」と書かれた立て看板にノラ猫がシッポを小刻みに振動させながらマーキング（尿かけ）をして走り去る。

ずっと住んでいた人にとっては、テリトリーを追い立てられた、そんな気はしないのかなと、路地を守ろうとする猫の顔を見て思う。

家の近くに姿が見えないとき、「チャムちゃん」と小さくつぶやくと、大きな声で鳴きながら現れて、ゴッローン。それから、ずりずり……

黎明ハイツ

飛鳥山

この猫 カリカリきらい食べないよ

午後3時。高台にある公園へ行く階段に、白い犬といっしょに歩く男性の姿があった。きれいな犬ですねと声をかけると、「もう、おばあちゃんだよ」。老齢犬には見えなかったので、何歳なんですかと聞いてみる。

「16ヵ月」という返答に少し驚きながらも感心した。月齢で答えられたことで、その犬がどれほど大切にされているかがわかった気がした。

プードルではないですよねと続けると男性は仏頂面になった。

「プードルじゃないよ。この犬の種類を当てたら偉いよ」

犬種名がとっさに思い浮かばず、わたしはやっきになった。

ビション・フリーゼ! 突然、思い出した。

「当たりだよ。六十何年生きてきたけど、言い当てられたのははじめてだな」

そう言われて、少し誇らしげな気分になる。

次に話した男性はシーズー2匹を連れていた。

「こっちがトマトで、これは、マンマ」

名前を教えてくれた。こっちがトマトでこちらがマンマですねと、鸚鵡《おうむ》返しにわたし。

「さて、ここで問題です。この2匹の名前にはある共通点があります。それは、なんでしょう?」

トマトでしょ、マンマでしょ? 食べ物? 考えていると、

「ヒントを出そうか。もし、もう1匹飼うとしたら次は田端だな、山手線の」

田端? わたしはわけがわからなくなってしまった。

「タイムアーップ。上から読んでもトマト、下から読んでもマンマ」

少し離れたところに猫が1匹ポツンといた。そこに、白いゴム長靴を履《は》いた女性がやってきた。いつもごはんをあげているんですか? 話しかけても女性は応えない。この猫は、かわいい顔をしていますね。そう言うと、

「だめだめ、この猫だめ」

どうしてだめなんですか?

「きょう、あれ、持ってないから」

今日は「こう、こう」を持っていないのでだめだという猫。色のついたドライフードには見向きもしなかった。かわいい表情で爪を研いでいた

水が張られた野外舞台の回廊にゴム長靴で入って、奥まった場所にドライフードを盛っていた

あれってなんですか？
説明しようと思ったのか、「こう、こう」と女性は両手で形を作りはじめた。懐中電灯のような細長い形が空に描かれたけれど、硬いもののような気がしたので、缶詰ですか？
「違う、違う。冷たいの。いい？　こう、こう」
きょうは持っていないから猫がだめだという懐中電灯のような形で冷たいもの。それがなんであるか、わたしは考え続けている。

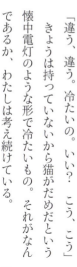

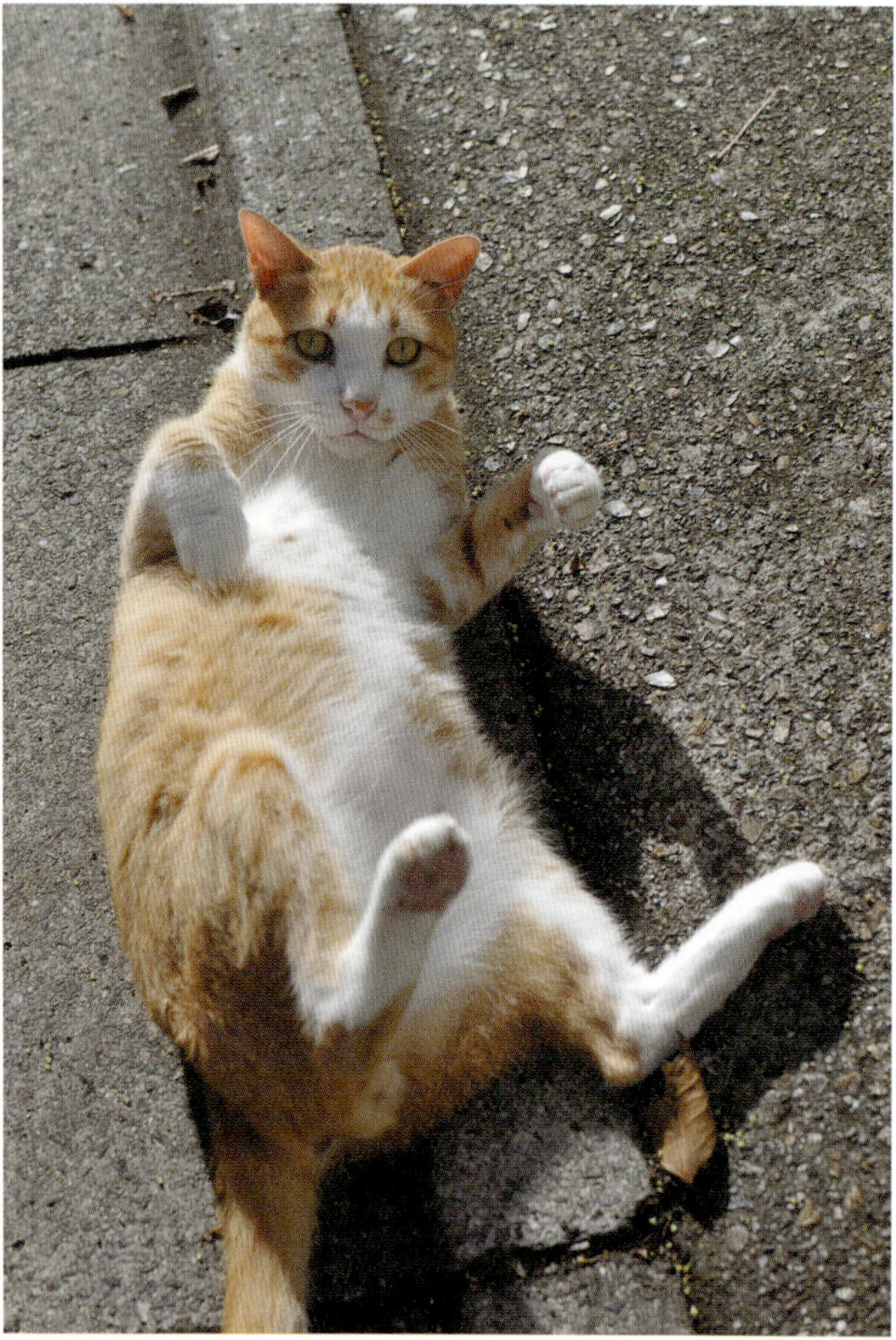

路上で香箱座りをしていた猫に声をかけると、いきなりあおむけになった。「ここ、ここ」と前足で胸を指したので、しばらく、よしよしした

雑司ヶ谷
ウサギは、おしりをさわると
びっくりするから、
さわるのは、ここまでね

子どもの頃、4月が新入学シーズンなのは、桜の花に合わせているのだと思っていた。三十数年前の愛知県三河《みかわ》地方では申し合わせたかのように入学式の日に満開になった。ふいに思い出したのは、今年、東京の入学式の日々が桜の華やかさで彩られたからだ。

日本はもとより世界のあちこちから凶悪なニュースが流れるなか、こんなに安らかで幸せな時間を過ごしていいのだろうかと思った。寺の境内であり地元の人々が通勤・通学路として通っている空間に、多くの善男善女が集っていた。飲み過ぎて馬鹿騒ぎをしたりカラオケセットを持ち込んだりする者などいない。置き去りにされたゴミもない。隅の方でビーチマットを敷き詰めてフィリピン人母子のグループが持ち寄った弁当を広げていた。うれしそうに弾むタガログ語の響きが耳に心地よかった。

犬も花見をしていた。犬にとっては不思議な光景だろう。ふだんは通り過ぎるだけの人々が、地べたに座り込んで静かに飲んだり食ったりしている。木に登ろうとする子。花びらを集めては自分にかけてよろこんでいる若者。知らない人が、いい犬ですねと話しかけてくる。

桜が咲いているからではなく、一年中散歩している。雨天でも欠かさず日に4回、飼い主より前を歩く近所に住む猫。名前は、チビ

犬は犬で、やはり興味は犬に向くので、桜の樹の下には数匹の犬と飼い主の輪ができていた。さまざまな大きさの犬がリードを張りながら、互いのにおいを丁寧に嗅《か》ぎ合っている。そこへ、猫。リードをつけて歩いているのは紛れもない猫だった。率先垂範して飼い主を従えているような堂々とした歩きっぷりにわたしも慌《あわ》てたが、花見をしていた人も犬も、みんなの目が点になった。「猫だよ、おい、猫が花見に来ているよ」と、口々に言っている衆目のなかで、わたしは猫を撮った。

ウサギを連れた子もいた。あなたとウサギの写真を撮ってもいいですか？と話しかけると、「オレを撮るの？」と返したので、そんな口を女の子がきくものではありませんと、思わず言ってしまうところだった。

髪を長くしているが、男の子だ。リョウくんというこの子は、毛を逆撫《さかな》でしてはいけないとウサギのさわり方を教えたり、「餌をあげてみる？」と刻んだ白菜を手渡したりして、小さな子どもたちをよろこばせていた。

リョウくんの指導にしたがって、わたしもウサギにさわらせてもらった。「やさしく浮かすように、毛の表面だけなでるのがコツ」。なるほど～

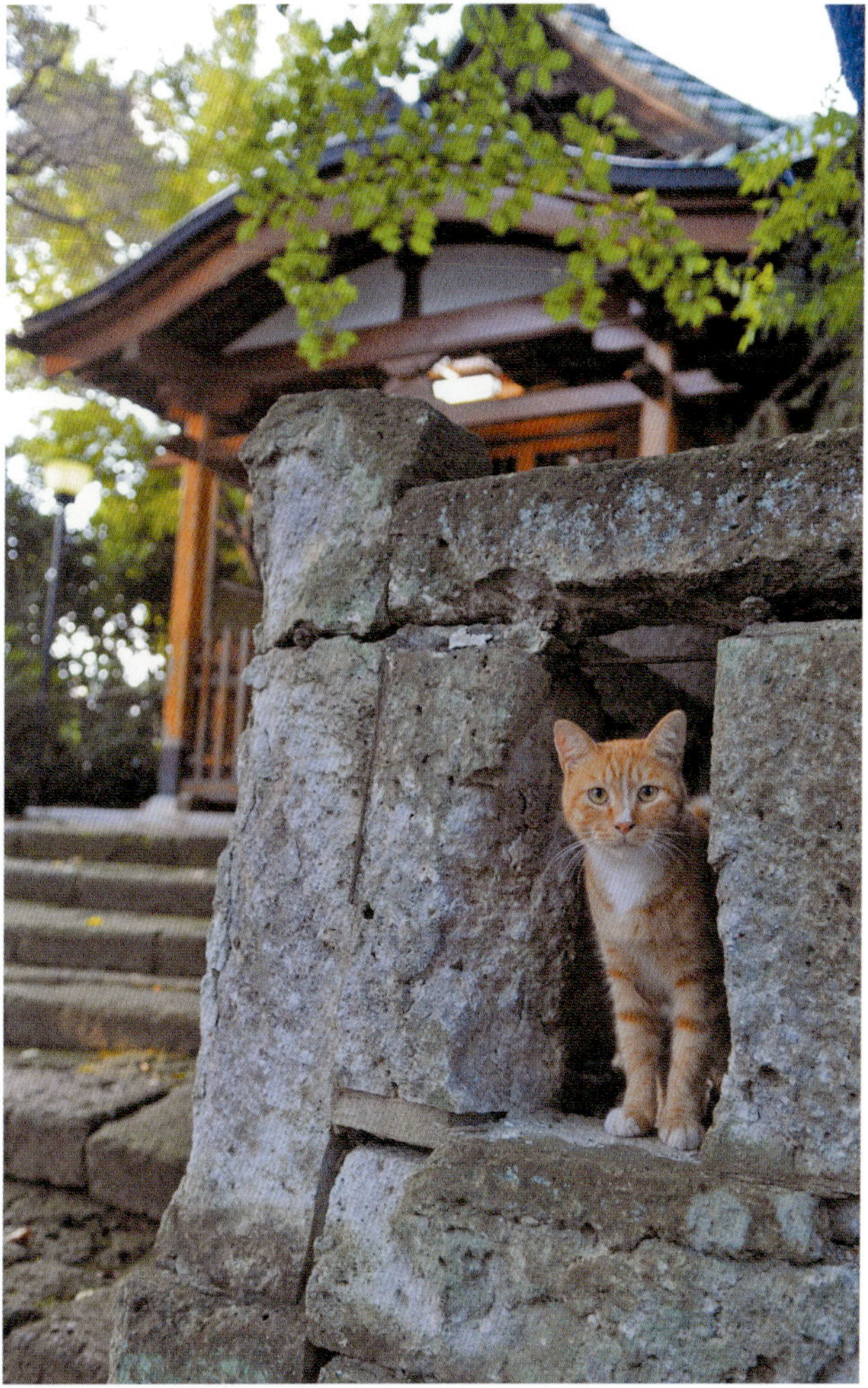

王子駅前

猫を撮るんだったら 様子のいい猫がいいやね
そっちにいる方が……

東京は、壁だらけ。どこを歩いていても壁に突きあたる。どうせ壁だらけなのだから迷路に迷い込んだ気持ちになって楽しもうと、ふらふらと歩く。

つたない猫の絵がチョークで描かれた塀《へい》の途切れたところに猫がいた。その若いオス猫に声をかけると、自慢げに毛繕《けづくろ》いをはじめた。その猫が「見てて」とでもいうように肢体をくねらせ、見つめるわたしを飽きさせないので、あっという間に時間が過ぎてしまった。

小さな軒先が重なるように連なる道を歩いていると、砥《と》の粉《こ》色に塗られた長い塀が待ちかま

えていた。そのいわゆる丁字路をどちらへ曲がろうかと左右に頭をふったとき、右方向の遠い路上に動く猫の姿があった。見逃すまいと目を凝らす。猫が視界から消えたところに目のピントを合わせて、記憶する。その場所についたときに、はたして猫はいるだろうか。また、その場所から見渡したパノラマはどんなふうになっているのだろうかと期待しながら歩き出す。

保護色になっていたので気づくのが遅れたが、砥の粉色の塀の上に同じく砥の粉の色をした猫がいたのだった。太陽が沈みかけた心もとない明るさのなかで、わたしはつま先立ちになりながらシャッターを押した。ニコンF6では、フィルムの最後のコマのシャッターを切ったときに、ああ、フィルムはこれで終わりだなとわかる。

日が暮れるのを待って、猫に焼き魚をふるまう人。話すときも、箸の動きは止めずに、小骨を丁寧に取り除いていた

被写体に対して集中するなか、余儀なくされるフィルム交換という中断をタイミングよく知ることができるので、精神衛生上とてもよい。フィルム交換をすばやく済ませ、気になっていた先に目をやると、老人と皿が見えた。慌てるそぶりを見せないように、そっと近づく。

猫の写真を撮らせてくださいね。そう話しかけながら、撮りはじめている。もう、日は暮れていた。

老人は何回かのシャッター音を聞いたあとで、「ああ。そっちにいる猫の方が、様子はいいやね」と、ボソリと言った。彼が箸でさした方を見ると、毛の長い猫がじっと老人を見つめていた。確かに、フォトジェニックな猫だ。老人はその様子のいい猫ににじり寄って、箸で焼き魚を食べさせようとしていた。様子のいい猫は警戒心が強いようだ。老人を路地の奥へと誘い込むように後退りを繰り返した。そこはもう、すっかり暗かった。

とまれ

大塚駅前

猫はいっぱいいるけど まだこの時間は ちょっと暑いんじゃないの

町を歩きながら猫と出会うには、少しコツがいる。まあ、これはコツというほどのことではないのかもしれないが、まずは時間帯を考えることだ。簡単にいってしまうと、人間にとって好ましい気温や状況が猫にとっても心地よいということ。

寒い冬はぽかぽか暖かい時間の日のあたる場所。蒸し暑い夏は、早朝か夕涼みの時間で風通しのよいところ。余談になるけれど、俳句の季語にもなっている猫の恋の時期は、彼らの気持ちもそぞろなので狙い目といえる。猫の恋は、地域によって異なるものの、関東近郊ではおおよそ冬至と春分の間の2月がその季節だ。愛すべき猫という動物の身体能力や直感力などには感心させられるばかりだが、彼らには、日照時間の変化によって未来を予測する能力も備わっているのではないかと思う。

蒸し暑いばかりの日々。午後の遅い時間に散歩に出かけてみても、猫はどこに隠れているのやら。区画整理された住宅街を歩いたときには猫の子1匹見当たらなかった。大通りを渡り、取り残されたような細い道の一角に入ってやっと、猫の姿を見ることができた。近づくと、猫は狭い間口の三和土《たたき》の上。そこに出かけようとしていたその家の主人がいた。きれいな猫なので撮りたいのですが、といったようなことをわたしは言う。

「え？　猫？　あ、家は汚いけど猫はきれいだわよ。どうぞ、撮ってちょうだいよ」

猫は外へ出されて、わたしはシャッターを何度か押した。

「うちの猫、顎《あご》の下が黒いでしょ。だから、笑っ

た顔に見えるって言われるのよ」

ならば笑っているように見える写真を撮ろうと、角度を変えて工夫しながらバストアップで写した。撮れたつもりだったが、残念ながら笑っているようには写っていなかった。

暑い時期、猫は大きく肩を揺らして息をするので、何かを考えているように見える。太陽の出ている時間が最も長い夏至が過ぎ、土用の丑の頃に猫たちは再びあることに気がつく。日照時間がだんだんと短くなっている、と。このまま ずっと短くなり続けたら、もう子孫を残すことができなくなるのではないか。焦ってみても秋の彼岸前の東京はあまりに暑くて、猫たちは恋どころではないのだった。

きれいな猫がいるなぁと立ち止まると、瞬時に間に割って入った母親とおぼしき猫

やさしい表情をしていた。相談に乗ってくれそう。きっと、性格もやさしいと思う

梶原

この辺はね、猫のことよく知ってるのよ、飼い主じゃなくても

商店街へ入り込むと、不思議な気持ちになる。人がいっぱいいる。声やお金やさまざまなにおいが行きかう。

商店街で気持ちの疲れ具合を測れることに、最近になって気がついた。そこへ入り込んだときに気後れするような感覚があったなら、すなわち疲れているのである。反対にわくわくするような、あれも見てやろうこれも聞いてやろうと少しでも思ったとしたなら、気持ちに余裕がある証拠だと思う。いまわたしの暮らす町には商店街がなくなってしまったから、あてもなく歩いた先で活気ある商店街に出くわすと、とても新鮮に映る。

電話は鳴らない。メールでことは足りる。会うこともなく完了する仕事もある。急ぎですからバイク便を飛ばしますとケータイに録音されている。こんな日常にいったいいつからなったのか。うちに猫がいなかったら、言葉を忘れてしまいそうだ。

梶原銀座商店街。都電荒川線を降りて踏切を渡ったところから商店街は北へと延びていた。遮断機が上がると、広すぎず狭すぎず、向かいの店との距離をほどよく保った道が朴訥《ぼくとつ》に手招きしているように見えた。店の中に猫でもいたらいいのに。そう思いながら覗くともなしに一瞥《いちべつ》を投げつつゆっくりと歩く。

表通りで猫を見つけることはできなかったので、住宅地へと道を折れてみた。暑さは一向に収まらないが気がつけば日没の時刻。そろそろ帰ろうか、と思ったとき白い猫が目の前に現れた。鳴きながら突進してくるので、勢いよく後退りしながらシャッターを押した。

「あーら、お写真を撮ってもらってんの。よかったわねー」

商店街の活気とともに猫情報が届かないかなと、少し離れた住宅街から耳を傾ける

背後から男性の声がした。それからわたしは人が変わったようになる。久しぶりといってもいい、会話。物怖《ものお》じすることなく猫の名前を聞いたり、その人との関係を探ったり。

「名前はね、マイちゃん。もう、15歳以上になるんじゃないの？　わたし？　飼い主じゃない。そこを右に曲がったところで洋品店をやってるから、よろしかったら後でいらして」

倉庫に商品を取りにきたというその人は、小さな包みを抱えていた。見た目と話し方が随分と違う、やさしい目をした人だった。マイちゃんとは、毎日路上で挨拶を交わす仲だと言い残して、商店街へと消えた。

日が当たっていたところが建物の陰になってもその場を動かずに、ごとん、ごとん、というリズムを体で受け止めていた。猫も都電が好きなのだろう

東池袋四丁目

猫がかわいいなら 持ってってくれない？
猫もかわいそうだから

人間でいったら小学1年生くらいに成長した子猫が4匹、肩を寄せ合っていた。近づくと白黒ブチの2匹は逃げてしまったが、全身黒色の2匹にはさわることができた。残暑のせいか、脱力してくにゃくにゃ。よりくにゃくにゃにとろけたようになっている子猫を抱き上げて、よしよしとあやしてみた。

「猫を抱っこしているの？　よく抱けるわね」

さっぱりと小ぎれいにしているけれど、意地の悪そうな年配の女性が少し離れたところから言葉を投げるように話しかけてきた。よしよしと身体を揺らしながら女性の方へと向き直って聞く。この子たちはいつもここにいるのですか。

「そんなに猫が好きなら、持ってってくれない？　ノラ猫なのよ」

どうしてそこで責任のようなものを感じてしまったのか。そのとき、な

んとしてもこの子たちに飼い主を探さなければと、強い使命感を持ってしまったのだった。かわいい子猫がいるんだけどと会う人ごとに話しかけた。次の日に葉山へ撮影に行ったときにも、子猫の里親を探していると声かけをした。帰りに藤沢の友人宅へ立ち寄り熱弁をふるった。その甲斐あって、写真を見たいという人が現れた。すぐにダイレクトプリントに出して、郵送しよう。子猫の写真を見せてしまえばこっちのものだ。

頭の中でスケジュールを組み立てた。動物病院へ連れて行って、健康診断と予防接種。しばらくはうちで安静にして。シャンプーもしておめかししないと。車で連れて行こうか、湘南新宿ラインならグリーン車だななどと考えを巡らした。ともあれ、子猫の確保を急いだ方がよい

だろう。わたしは再び子猫のいる場所へと向かった。

子猫たちは2日前に見たときと同じ行き止まりの路地で、ばらばらにくたぁ〜っと寝ていた。家の敷地内かどうか曖昧《あいまい》なところにもいるので、その家の人に一応断りを入れないといけないだろう。

チャイムを押した。しばらくして2回目を押したあとで、還暦を過ぎたくらいの男性が面倒そうにドアから斜めに顔だけ覗かせた（服を着ていなかったのかもしれない）。

「迷惑をかけていますか」

それが第一声だった。

「うちで飼っているんですよ。どこにもやらないよ。ここにいた方が幸せだと思うから」

いったい、なんだったんだろう。危うく、猫さらいになってしまうところだった。

人世

人類が平和でありますように

庚申塚

区画整理があったでしょ、このへんも それから、だめ

庚申塚は、「おばあちゃんの原宿」の異名を持つ巣鴨《すがも》地蔵通り商店街の端にある都電荒川線の停留場名だ。秋のにおいの風が吹いた日にハッセルブラッドを持って行ってみた。もう、10年もさわっていなかったカメラ。どうして手に取らなかったのだろうと、ふと不思議に思い連れ出すことにしたのだった。

「としまテレビからきたの?」

巣鴨商店街につながる住宅地で老いた猫と出会って撮っていたときのこと、自分と同い年くらいの奥さんが話しかけてきた。としまテレビ? としまテレビは我が家でも契約しているケーブルテレビ局。豊島区内の町の小さな話題などの番組を放送している。どうやら彼女は、ハッセルをビデオカメラだと思ったようだ。シャッターを押しているでしょう、フィルムもこうして巻き上げているでしょう、と心の中でつぶやきながら、わたし

は愛想よく否定してその場をあとにした。
スチールカメラと認識されなかったわたしのハッセルは、猫にとっても違和感のあるものに違いなかった。バコン、バッコン！と、とても大きな音がする。シャッターを押すたびに猫がピクリと肩を動かす。被写体ブレと恥ずかしながら手ブレもあって町なかで猫を撮る機材ではないと悟る。そう。10年前に撮影したときも同じような経験をして、同じ結論に達し、棚に納めたことを思い出した。
翌日、改めてニコンF6を携《たずさ》え、巣鴨の猫だまりを歩いてみた。全身茶色の縞の猫は一般的に茶トラと呼ばれているが、赤トラと呼ぶ人は、猫に造詣の深い人だと思う。道端にいた赤トラを撮るべく這いつくばっていると、頭のすぐ上で声がし

た。

「このね、赤トラ、いい猫よね」

わたしはすぐさま立ち上がって、その70歳くらいの女性と目を合わせた。「わたしね、これからは猫を撮って暮らしたいって思っているの。いいじゃない？　海外で猫を撮りたいと思うでしょ!?　写真集を買って見ているのよ。マルタ島って知ってる？　猫がいっぱいいるんですってよ」

その人は一方的に話したあと、こうつけ加えた。

「この辺もね、以前は猫がいーっぱいいたんだけど、もうだめ。だって、人情が希薄になってしまったんだもの。猫を遊ばせておく余裕もなくなったのよ」

こんなふうに話しかけてくれるだけで、わたしには十分すぎる人情だ。

赤トラ猫のこの座り方は、シッポ自慢に違いない。「シッポがかっこいいね～」。言葉の意味はわからなくても、ほめていることは伝わっている

リードを張って外にいた猫の脇を通ろうとすると、猫は家のなかへ。「きれいな猫ちゃん」と話しかければ、背後に猫が現れて、耳をそばだてていた

三ノ輪橋

大事な猫だもん
ノラ猫って言われるのがつらいんだよ

チャームのついた首輪をしていたので、この猫はおにいさんの猫なんですか、ステキな首輪をしていますねと話しかけたとき、返ってきた言葉は「ノラ猫と間違われちゃうからさぁ」だった。

三ノ輪橋から隅田川を目指して歩くと、さまざまなノラの人と出会う。猫を連れている、あるいは飼っているノラの人。猫に首輪をつけ、紐《ひも》でつない

でいる人もいた。つながれるのは御免、首輪をつけられるのはいやだとノラの世界を選んだ彼らだったろうに。何もかも捨てざるを得なかった人に猫は再び、束縛《そくばく》したい、所有物であることを主張したいという気持ちを抱かせてしまったようだ。そしてまた、責任感というものも。

「きょうは浅草寺《せんそうじ》の縁日だから、みんな手伝いに行ってるんだ」。少し前には、「満潮のときに川があふれて浸水することがあるから、こうして床を上げてさ」と、レンガブロックをつかみながら話していたおにいさんが、猫の背中をなでながら話を続けた。

「オレはきょう留守番の当番。猫たちのお守りも兼ねてね。留守番がいないと、こんなところにも悪さをする奴がいてさ。猫だって盗られ

ちゃうんだよ」

川沿いで暮らすにも守らないといけない掟があるようだ。組織がいやになったってわけじゃないのですねと思わず言ってしまいそうだった。角刈りにして清潔そうに見えるおにいさんは「みんなが帰ってきたらきょうも宴会だよ」と、大きな手で頭を丸くさすった。

三ノ輪橋は、早稲田から出発する都電荒川線の終着駅。わたしはときどき無性に都電に乗りたくなる。ただ、距離を移動するだけではない、都電でなければ行けないところがあるからだ。

ふらっと降り立った町で初対面の人と言葉を交わし、撮影し、猫の話を聞く。それだけのことなのに、都電に乗ってよかった、と思う。また明日も都電に乗って、遠くへ行きたいと思う。

夜のとばりが下りるころ、行動開始。飲食店街にはネズミがいるから、ここは猫の存在価値と腕の見せどころ。用心棒よろしく、目を光らせる

軌道内通行禁止
あるかない、せんろは電車が通る道

上飯田北町

赤いポストが追ってくる二十歳前後の記憶

このごろ、昔のことを思い出してしまう。頭の中に考えるべきことはたくさんあるのに、よりによっていい気持ちのしないことを思い出す必要がどこにあるのだろう。

郵便局の記憶だ。

わたしはプロフィールに、郵便局に勤めていたことを記している。写真家としての経歴に直接関係ないから削りますと言われ載せなかったこともあったが、書かなければならないと思っている。それは、郵便局に勤めたからこそいまの自分があると思うから。数字や文字が少しはきれいに書けるようになったし、お金の計算もできるようになった。大量の封筒に切手を貼らせたら、そのスピードと正確さにおいて右に出る者はないであろう能力は、いまでは何の役にも立たないけれど、窓口に座っていたことで、人と話す楽しさを知った。郵便局に勤めていなかったら、わたしなんていま頃どこでどうなっているかわからない。

高校卒業後のこと、4ヵ月あまり新聞社の編集部でアルバイトをしながら名古屋の夜間大学に通ったが、後期の授業料を支払うと生活費が底をつくとわかり、働くことを決心した。高校3年生の秋、「大学入試の予行演習のつもりで受けよう、受験料も安いし」と、学年主任のK先生が勧めてくれた初級国家公務員採用試験。わたしはそれに合格していた。1年以内に受け入れ先が見つかれば国家公務員として働くことができる資格だった。

夏休みに入ってすぐ、人事院に一枚のはがきを送った。8月末に名古屋市内の小さな特定郵便局で面接を受けると、再来週の月曜から勤めにきてくださいと言われた。面接の日も初出勤の日も、雨が降っていたことを覚えている。

負けたくない

上飯田北町（名古屋市）。18歳のわたしは、何度この町を涙しながら歩いたことか。高校卒業まで3歳年上の兄と2人、愛知県豊橋市で暮らしていたわたしには、東三河の強いアクセントがあった。

「新美さんの話し方を聞いていると、吉良《きら》の局長さんを思い出すわ。あの方も三河弁がすごくてねぇ」

そう言ったのは、わたしのことを常識がないとなにかにつけて口をとがらせていたQ主任だ。あなたのいう常識なんて18歳やそこらの子どもにあるわけがない。郵便局員としての自覚が足りないと言われることもたびたびだった。そしてこの人は、他の局員とわたしとを、よく比較した。

わたしと同じ年齢の局員の母親が田舎から勤め先にやってきて、局長にお歳暮を手渡した日のことだ。

「新美さんはかわいそうね、お母さんがいないから常識がなくて。お歳暮を渡すことも知らないから」

すみませんと首を垂れたときにふと口をついて出た。「○○さんのお母さん、近くでのご用事って、どのくらい近くなのだろう?」と言うや、Q主任は大声で笑った。近くに用事があったものですからと繰り返し言っていた。冷たい雨が降っていたので、移動距離が短かったらいいなと思ってのことだったのに。

「新美さんは、ほんとおめでたい人だわねぇ。近くで用事って、そのままに受け取っているの。わざわざご挨拶にみえたのよっ」

何度もやめたいと思った。逃げ出したいと思った。けれど、帰り道で泣きながらも、郵便局をやめるわけにはいかなかった。わたしは、ひとりぼっちだった。親もなければ金もない。郵便局員だということだけが、社会との唯一の接点に違いなかった。郵便局員でなくなったら、親のいないわたしのどこを世間が信用してくれるというのか。

友だちもいなかった。若い局員のサークルへの誘いは、断る選択しかなかった。休みの日くらい郵便局のことは忘れていたい。キャンプや海水浴なんて好きではないし、自動車の運転免許もなければ、スキーなんて一度も経験したことがなかったから、仲間に加わることなどできないのだった。

冷静になって

Q主任の小言の中には、もっともだと思えることもあった。たしかにわたしはお茶を美味《おい》しく淹《い》れることができなかった。床を雑巾《ぞうきん》がけするときは、後ろに下がりながら拭き、掃除したあとを自分で踏まないという常識は初めて聞いた。覚えがわるいとお客さんの前で罵倒《ばとう》されたときにはたまらず、千枚通しを握りしめたこともあったが、すんでのところでこらえた瞬間をわたしは忘れない。

「局員になったお祝いに、どの局員さんの家でもたいてい親かきょうだいか、誰かが保険に入ってくれるものなのに、新美さんはまだ1件の契約もないのね。親戚もないの」

それを言われたところでどうすることもできない。反発する気力などなく、掛け金が少なくて済む10年満期20万円の養老保険に自分で入った。

ただ、郵便局という組織にはいまも感謝している。特定郵便局の面接を打診される前に名古屋国税局の事務員の口があったのだが、両親ともいないという理由で話がご破算になっていたから、郵便局をやめたらどこも雇ってくれるところなどないと悟っていた。千枚通しを逆手で握りしめる気持ちをおさめて、軽くハンコを持った。ハンコを押すのはなんと楽しいことではないかと自分に言い聞かせた。実際、書類にゴム印を押したり、お客さんのハンコの印影を見たりするのが好きだった。ハンコを押すとき、ずれないように、きれいな印影が残せるようにと集中する。無になれる瞬間があった。

そして、お客さんがにこにこと話しかけてくれることが何よりの救いだった。

こんなこともあった。

「今日は、主任さんいないの？　お休み？　だったら、羽を伸ばしなさーい。あなたらしくね」。カウンターに身を乗り出してささやいたあと、羽を広げるポーズでステップを踏みながら帰ったお客さん。その後ろ姿をあっけにとられて見送りながら、お客さんは見ているんだと、少し怖くなった。お客さんに不快な場面を見せてはいけないと気持ちが引き締まった。

猫へそくり

窓口でお客さんと猫の話をした。いまと違い、新規通帳を作るときに利用者は証明書などの提示を求められなかったので、猫の名前と思われる通帳を持っている人が何人かいた。覚えているのは、大坪みい、小森マリ。猫のシールが貼られた通帳もあった。それらはたいてい1000円か500円ずつをほぼ毎月貯金するものだった。「お医者さんにかかると、高いでしょ。健康保険は利かないし。だからコツコツと貯金しておかないとね」と、小声で話すお客さんには、片目をつぶった。買い物カゴに入れて、大きな猫をわざわざ見せにきた人もいた。

お客さんの紹介でトラ猫の子猫をもらったのだが、その猫、サクラのことがもう、かわいくて、かわいくて。休みの日は一日中サクラを見て過ごした。猫好きなお客さんに見せるためにサクラの写真を撮った。猫のおかげで、窓口に座ることが楽しいと思えるようになっていた。

勤めて4年目にさしかかった頃、わたしは引っ越しをした。仕事を覚えれば働く意欲も出てくるだろうと思っていたとおりになったものの、職場の環境はよくならなかったので、住環境を変えることからはじめようと思ったのだった。運よく引っ越し先に近い郵便局に転勤することができたのだが、転勤先では言葉のイントネーションがおかしいなどと言われなかったし、そろばんが遅いと罵《ののし》られることもなかった。デキの悪い局員なのに、局長も同僚もやさしく接してくれた。

26歳の誕生日を前に慣れ親しんだ郵便局を離れることができるかどうか、悩むときが訪れた。猫に関わる仕事をしたくないかと誘われたのだった。テレビ番組制作の仕事を手伝ってほしいという。それは、奨学金の返還を完了したタイミングだった。郵便局の仕事は好きだったが、オリジナリティがない。写真を撮りたかったし、何かを作り出したかった。

7年6ヵ月16日間の特定郵便局員生活を終え、テレビ番組やコマーシャルなどを制作する会社で小間使いとして働く道を、わたしは選んだ。

通行
禁止
対向車あり

目白台一丁目

東京に来たところですぐに馴染めたわけではなかった

テレビ番組の制作会社で少しずつ仕事を覚えて3年目、海外の犬と猫の暮らしをテーマとした番組を担当することになった。2ヵ月ごとに3週間ほど海外へ行き、放送するに十分なビデオ素材を確保する。上京することとなったのは、その番組のために東京にいた方が都合よかったからだ。東京にいるときは、ナレーション原稿を書いたり構成を考えたり、定期的に番組関係者との会合を持った。取材の後処理と次の撮影地の下調べや旅行の手配などに追われながら、並行して、スチール撮影の仕事もこなした。ビデオ撮影の現場は楽しかった。けれど、区切りや終わりがなく、ほめられることもなかったこの仕事で、達成感を味わうことは難しかった。

都電早稲田駅、徒歩3分

目白台一丁目（東京都文京区）。住む場所としては気に入っていた。東京に住むなら都電と神田川の近くがいいと思っていた。都電と神田川は、東京に対する憧れの元といってもよかった。

高校生のときに見たテレビドラマのいくつかのシーンを覚えている。『男たちの旅路』に映し出された都電は、人と人との間ばかりでなく、思い出と希望の間を行き来する陽炎のように思えた。田舎からポッと出てきた者にも意地悪をすることなく、やさしくエスコートしてくれる、そんな気がしていた。

「都電と神田川の周辺ということでしたら、ちょうど出たばかりのいい物件があります。田中角栄と同じ町会です」

不動産屋のおにいさんが言った言葉に思わず身を乗り出した。郵便局員時代に古参の局員から聞いた話が思い浮かぶ。田中角栄氏が郵政大臣に就任した直後（1957年）、局員の給与を見て、「こんな低い賃金で働いているのか。ベースアップしてあげなさい」と、鶴の一声。びっくりするほどアップされたことは一生忘れない、いまでもうれしいと異口同音に何人かから聞いた。また、ある民放テレビ局の予備免許を出したのは郵政大臣時代の田中角栄氏だから、その局では彼のことは悪く報道できないのだという話を、テレビ局の人から聞いたばかりだった。

いっぱいいっぱい、だった

どういう経緯だったか、名古屋で知り合ったEさんも東京で暮らしていることを知り、会うこととなった。

Eさんは彫金デザイナーで、少し年上のおねえさん。自分の力を試したくて東京に出てきたんだけど、と言った。わざわざうちまで来てもらったりして悪いなと思った。母の形見の指輪をリフォームして身につけたいと相談したことで知り合った人だ。新たにアクセサリーの制作を依頼すべきなのか、あ、でも、そうすると、出来上がったときにまた会わなきゃいけないか……。

人と会うことが億劫になっていた。人と会いたくないのではなくて、人と話すのが怖かった。

目白台一丁目のうちの近くにスーパーマーケットがあった。買って帰った野菜を調理しようとすると、鮮度の落ちたものだったのでがっかりして、翌日、スーパーの隣にある青果店へ行くことにした。最初からその青果店で買えばよかったのかもしれないが、なんと言葉を発して青果店と対面したらよいのかわからなかったのだ。

青果店に行くと、なるほど隣に対抗すべく新鮮な野菜を並べているなと思った。きれいに並べられた果物に目移りして色を見比べたりした。

いくつか買った野菜と果物。レジ袋に入れて手渡してくれたが、わたしが手に取ってオヤジに渡したものとは別の古いものに一部がすり替えられていた。見慣れない客だと思ったのか、どうせわかりっこないとふんだのか。ショックだった。

この件が引き金となって、東京に対する不信感が一気に募った。いや、わたしにはいろいろなことが鬱積《うっせき》していたのだった。この先どうなるのだろうという不安で、常に胸のあたりが痛かった。地下鉄を乗り継ごうとすれば、反対方向に乗ってしまう。自信がないので小さな声しか出せなくて、人に道を尋ねると、怒ったように聞き返される。自分の能力を超えた仕事をさせられていると感じていた。憂《う》さ晴らしに出かけるあても、時間もない。不満なことだらけだった。元々、東京になんて来たくなかったんだ、だいたい水道の水が臭《くさ》いじゃないかと、癇癪《かんしゃく》を起こしたところで、八つ当たりする相手がいないのだった。

Eさんに会ったのは、そんな状態のときだ。名古屋弁を巧みにあやつっていたEさんなのに、人が変わったのかと思うくらいすっかり東京の言葉遣いになっていた。人が変わってしまったのだったら話しても無駄だと、わたしは口をつぐんだ。気おくれして東京の人と話せない。それが言えなかった。

「お散歩とかしないの?」

不意をつかれた。お散歩? 高い声で、奥歯に硬くなったキャラメルが挟まっているかのように話すEさんの口調が、いま蘇る。

「こんないいところに住んでいるのだから、新美さん、お散歩しないと損だわよ」

損?

呆然とした。そのあとすぐに、まるで賢い子どもが何かを閃《ひらめ》いたかのように、自分がなにをしたらよいのかがわかった。憧れの場所に住んでいるのだから、東京にもっと溶け込まなければ、損なんだ。2ヵ月に1度、海外へ行く生活はかなりのストレスになっていたけれど、わたし自身の意識を変えればストレスは軽減できる。

散歩をしよう。東京を知るために。知れば怖くもなくなるだろう。素直に気持ちを切り替えることができたのだった。

街へ出てはみたものの……

しかしまぁ、自意識過剰だったのだと思う。誰もわたしのことなんて見ていないのに、誰かに見られている気がして、街を歩くことは恐怖に近かった。田舎育ちの欠点なのか、田舎では黒い服を着て出かけると、どなたかのお葬式だったの？　などと聞かれたりしたから、こんなに多くの人がいる東京だから誰かが見ていないわけがない。見られている。そう思い込んでいたのだった。

ニコンＦ４に単焦点レンズをつけて、今日は一日中、心ゆくまで街歩きと撮影を楽しむぞと意気込んで出かけてみたものの、すぐに戻ってきてしまったことがあった。

「まるでプロみたいな、いいカメラを持ってるねぇ」

いま、そんなふうに声をかけられたとしたら、相手が全力で逃げ出すくらいの勢いで喋りはじめることも可能だけれど、そのときは何も言葉を返すことができなかった。なんと答えたらいいのかわからなかったし、アクセントが東京じゃないねと言われたらどうしようなどと気にしていたのだ。実際に「愛知県のご出身？」と言われたときにはいやな気はしなかったが、それは、どんなに東京の人と同じ発音をしているつもりでいても、できていないと指摘されたに等しかった。

隣のお母さん

そんな折、２ＤＫのうちと同じ間取りの隣の部屋に、わたしと同じ年恰《としかっ》好《こう》の男性とお母さんが引っ越してきた。痩《や》せた小さなお母さんだったが、ちゃきちゃきの江戸っ子という感じの話し方には枯れた色気があった。わたしがいないときにも彼女は玄関のチャイムを押していたのだろうか。

「猫ちゃん、みーせて」

そう言って部屋に入ってくることもあった。明るい色の口紅をいつもきれいに塗っていた彼女は、息子のことをよく話した。

「歌舞伎町のホストクラブに勤めているから、夜はわたしひとりで寂しいのよ」。「テレビの音が大きかったら言ってね」。「いつも忙しそうね。なんでもいいからわたしにお手伝いできる仕事をちょうだいよ。お金がほしいんじゃなくて、仕事したいのよ」

もう、苗字も思い出せない隣のお母さん。もっとやさしくしてあげればよかった。親身に話を聞いてあげればよかった。

「お金持ちのお嬢さんとね、結婚が決まったの、息子。店のお客さんなんだけどさ、息子にお店を持たせてくれるっていうのよ、お嫁さんのお父さんが。うちの息子、顔はあのとおりちょっといい男なんだけどさ、背がね、背がもちょっとあったら完璧だと思うんだけどさぁ。こんな時代に、お嫁さんがきてくれるっていうから〜」

それから半年ほどして、息子さんは離婚することになったと聞いた。わたしが海外出張から帰ったときには隣は引っ越したあとで、もうお母さんがチャイムを鳴らすことはなかった。

往復2時間、プラスアルファ

「あのさぁ、お願いがあんだけど。今度いっしょに都電に乗ってくんない?」

いきなり、こう切り出されたことがあった。お嫁さんに気を遣い、朝6時過ぎに帰宅する息子と入れ違いに家を出る。早稲田駅から都電に乗って、三ノ輪橋まで行くのだという。ぴったり1時間。1時間乗ると疲れるので、喫茶店で休憩をして、それからまた三ノ輪橋から早稲田まで帰ってくるのだと彼女は説明した。

「ひとりじゃ、寂しいからさぁ」

いまでもわたしは都電に乗るたびに、ちょこんと隣のお母さんが座っているような気がして、口紅の色のきれいな小さなおばあさんはいないかと、目を泳がせてしまう。

健遊館
0570-052052
制限高2.6M

人が大勢行きから
この街にいるときは
背筋を伸ばして歩いていた

東京へ来て3年が過ぎたころからだ、散歩したり出かけたりするのが楽しくなったのは。仕事の面でも大きな変化があった。ずっと携わってきたテレビ番組制作の担当をはずれ、写真を撮ることがより自由にできるようになった。2ヵ月に1度の頻度ではなくなったが、相変わらず海外への出張は続いた。ビデオ撮影の手伝いもするがスタッフの一員ではなくスチールカメラマンとして車のプロモーションビデオ撮影についていくことが多かった。走っている車を撮る。ヘリコプターに乗って上空から狙ったり、撮影対象の車と並走して撮ったり。細かい指示などほとんどなく、必要なカットは自分で判断しろと現場のチーフから言われた。ビデオカメラの邪魔にならないように気をつけて、ビデオカメラマンがどうフレーミングして撮っているかを想像しながら、同じカットをおさえたいと被写体に向かった。もともと我流のわたしの写真だが、ビデオのカメラワークから学んだことは多かった。男ばかりのなかで弱音を吐くなど許されなかったので、体力がついたのと、負けん気がますます強くなった。

そんな撮影の現場でも、合間をぬって犬や猫を見つけてはシャッターを切っていた。車を走らせる本番以外は、いつも、猫が出てこないかなぁ、と目を輝かせて周りを見まわしていた。

肩書きを試行錯誤

著作5冊目となる写真集『旅猫』（講談社）が刊行されたとき、わたしは32歳だった。前後して、出版社から仕事の依頼が入るようになっていた。月刊誌の連載をいくつか持ったのもこの頃からだが、いま思えば、雑誌など紙媒体の編集について右も左もわからないのに、よくもまぁ知ったかぶりをしてやってきたものだと、我がことながら呆れてしまう。

先に進むことばかりに気をとられ謙虚になることを忘れていたわたしは、小生意気なことも言ったと思う。それをいまとても反省している。しかし、一つだけ譲れないことがある。雑誌の小さな扱いの掲載でもプロフィールを載せてくれるとき、動物写真家と書かれることがいやだった。サバンナで象やライオンを撮っているのではなく、わたしが撮る対象は、犬と猫。ボルネオ島やロッキー山脈、その他の原野に滞在して野生を追い求めている動物写真家に対しても失礼だと思った。

動物写真家の動物を取って、写真家だけではいけませんかと聞くと、「写真家だけだと、芸術作品を撮っている人っぽいからなぁ」と返ってきた。そうなのか。わたしには芸術という意識がまるでなかった。自分の写真を芸術だといえる自信はない。キャッツ・アンド・ドッグズ・フォトグラファーとカタカナで書くのも変だし。何かいい言葉はないかと考えた。

動物ではなくて、犬猫写真家としたいのですが。そう問いかけると、「そんな肩書きは聞いたことがない」。別の編集者が、「え!? 犬猫写真家? そこまで卑下しなくてもって思いますけど」。その反応を受けて、これだ! わたしは膝《ひざ》を打った。

人と接するということ

「出た～、この伊勢丹女！」

と、友人たちはわたしのことを笑う。何気ない話をしていて、伊勢丹という言葉を突如として発してしまうからだ。「あ、また、伊勢丹」と冷たくあしらわれることもある。どう反応されようとしょうがない。わたしは伊勢丹のことが好きなのだから。

なぜ、好きか。こんなことをいうのは恥ずかしいのだが、伊勢丹はわたしの東京の先生だからと答えておこう。伊勢丹がなかったら、東京に順応できなかったのではないかと思うから。

東京に出てきてまだ日も浅いころ、最初に伊勢丹に迷い込んだときは、それはもうびっくりした。靴も服も、見るもの全てが新しくてきれいで、自分がもしこれを身につけたら少しは垢抜《あかぬ》けるだろうかとドキドキした。手を伸ばしてさわってみたいと思うものばかり。勇気を出してそのなかの一つの値札を見ると、とても買えるものではなかった。出入り口に向かっ

て歩きながらもさまざまな商品が目に入ってきて、気持ちがふさいだ。

そういうことは前にもあった。買えなくて、悲しいと思ったこと。でも、東京の人がみんななんでも好きなものを買える立場にあるわけではない。誰しも我慢したり、買うために頑張ったりしているのではないのか。そう気がつくまでにそんなに時間はかからなかった。

伊勢丹の売り場で商品を見ていると、必ず声をかけられる。客は声をかけられたくないのか、かけられたいのかを店員は即座に判断し、その後の対応を決めていると思う。売ることが目的だけれどもしつこく迫ることはしない。

店員さんとほんの少しの言葉を交わすだけのことで、わたしは話すことへの怖さを忘れていった。時間はたっぷりあるからという感じで世間話をはじめる店員もいた。買う客か買わない客かによって態度が著しく異なる店員に会うと、同じ仕事をするなら自分はこうはなりたくないなと思った。郵便局に勤めていたころの自分の姿を思い浮かべる。お客さんに対して失礼な態度をとっていなかっただろうか。シベリアに抑留された体験を熱っぽく語るおじいさんに、たとえタバコの煙を吹きかけられたとしても、それは笑顔で聞かなければならなかったのではないか。お嫁さんの愚痴《ぐち》を吐き出すように話したあと、「聞いてくれて、ありがとう」と微笑んだお客さんもいた。その、ありがとうという言葉に何度励まされたことか。わたしは伊勢丹でいい買い物をして、ありがとうを気持ちよく言える客になりたいと思った。

駐車場で

やる気を出したいとき、気分転換したいときに、伊勢丹へ行くようになった。目白台のうちから伊勢丹までは5キロメートル足らず。車の運転の練習も兼ねて、伊勢丹訪問が散歩コースに加わった。

車の撮影現場でわたしが劇車《げきしゃ》（撮影対象の車）を運転することはなかったが（劇車はたいてい発売前の新車なので、撮影中に傷でもつけようものなら、プロジェクトがオジャンになる）、運転免許があればなんらかの役に立てると思った。また、車を撮影するなら運転する人の気持ちをわかったほうがよいのではないかと思い、普通自動車の免許を取得した。

伊勢丹の駐車場に入るのは豪華な外国車ばかりだからわたしの国産車は目立ったのだろう。いつの間にか顔見知りになった笑顔のおじさんがいた。年齢はいくつか聞かなかったけれど、一度、いつまでも働けていいですねと声をかけたことがあったほど、かなりの年配者だった。そのTさんは駐車場の入り口で小さな旗を持って車を止めたり、駐車券を機械から取り出して運転席の人に渡す役目などをしていた。

「最近来なかったから、田舎へ帰っちゃったかと心配したよ」

と、早口で言いながら駐車券を手渡してくれたことがあった。

ううん、わたしには帰る田舎なんてないから。と、即答したかったが、そんなことを話してもしょうがないので、寒そうにしていた冬の日には、気遣いの言葉とともにエンジンの音に負けない大きな声で「ありがとう」を言った。

Tさんがある日、駐車券とともにとても軽いマッチ箱を差し出した。なに？　と思ったが、後続の車があるので長く停車することはできず、受け取ってすぐに発車した。

それを最後に、Tさんを駐車場で見ることはなくなった。マッチ箱の中には小さな紙切れが入っていて、「ありがとうをありがとう」と書いてあった。

高戸橋交差点

あっという間に過ぎてしまった四半世紀をふり返ることができる部屋

郵便局にいたとき苦楽をともにしたサクラはどうしたかというと、彼女は東京には来なかった。いっしょに暮らしたのは丸6年で、東京へ引っ越すのを機に名古屋の知人宅の猫となった。

郵便局員時代は一日たりとも家に帰らないことなどなかったのに、海外出張で長期の留守をするようになってしまった。そのときは知人のRさんに預かってもらったのだが、外に出るのを極端にこわがるサクラを預けなければならないことが、本当につらかった。胸が痛んだ。連れ出そうとすると気配を読み取り、押し入れの奥の方に逃げ込んでつかまえられない。やっとのことでキャリーバッグに入れることができたかと思えば、指先に血を滲《にじ》ませながらバッグを壊してしまうほどの抵抗をした。移動中のタクシーの中では鳴き叫び続け、オシッコをしてしまう。

「東京へ行ってからもあなたの生活がこの延長線なら、サクラを連れて行くのはあまりにもかわいそう。あなたもやっていけないのではないかと心配だ」。Rさんはそう言ってサクラを預かり続けることを提案してくれた。

いまでも心が締めつけられる思いだ。あんなにかわいがっていた猫なのに。仕事を優先して責任を放棄したのだ。Rさんにはいくら感謝してもしきれない。

当のサクラといえば、Rさん宅に安住できてやれやれと思っていたようで、それはときどき送ってくれる写真から見てとれた。サクラはまるでその写真がわたしに届くことを見透かしたかのようなリラックスした姿で、「おかげさまで、のびのび暮らしています」という表情をしていた。「サクラの名前で懸賞に応募すると、よく当たりまーす」と添えられたメモに書かれていて、わたしは心底安らぐことができた。サクラが18年という天寿を全うするまで病気ひとつせずに生きられたこと、大切にしてくださった

Rさんに、ありがとう。

東京ふたり暮らし

東京へ、チンチラ猫のプーシュキンといっしょに、新幹線でやってきた。事情があって迎えた猫だ。彼女はサクラと2年間いっしょに暮らしている。幸いなことに神経質なところがなく、移動や病院（ワクチン接種や避妊手術）で取り乱すこともなかったので、留守をする際は預けることができた。

いっしょに暮らす猫は1匹だけと心に決めていた。1匹だって十分にお金がかかる。目白台一丁目でずっとプーシュキンとふたり暮らしだった。海外出張のときは、当初はペットホテルに預けていたのだが、次第に預かってくれる友人知人ができ、安心して出かけられるようになった。それが、6年たったある冬の日のこと、撮影に行った先から子猫をもらってきてしまう。出会った子猫は「ボクが成長したら、頼もしい存在になります」とアピールしていた。そのあと、里親を探すつもりで連れ帰った、捨てられていた子猫2匹のうちの1匹を手放せなくなり、猫は3匹に。ペット禁止

の部屋で、いくら大家さんが大目に見てくれていたとはいえ、さすがに3匹となると引っ越さないわけにはいかなかった。

忌憚のない意見

猫の数がふえはじめるのと時を同じくして、写真集や単行本の書き下ろしの依頼が来るようになった。車の撮影のアルバイトに出られないほど、自分の仕事で手一杯になった。月刊誌の連載の仕事も入った。もともと文章を書くのが好きだから、依頼されるままにエッセイを書いた。本が出ると、また次の打診があった。自分の書いたもの、とくに長い文章は自信を持てるものではなかったが、わたしは一所懸命に綴《つづ》った。ある時、ラジオ番組「吉田照美のやる気MANMAN!」（文化放送）で、『猫のアジア』（河出書房新社）というエッセイ集を紹介してくれることになり、わたしはインタビューを受ける形でラジオに生出演した。何日かあと、思いもよらないところで放送を聴いたと声をかけられ、こう言われた。

「ラジオ聴いたよ。なんか、緊張してなかった？　あの番組は、馬鹿を言っ

ないの?」

て楽しむ番組なんだから、もっとふざけた方がリスナーに伝わったんじゃ

痛いところをつかれた、と思った。

「それで本を読んでみたんだけど。なんだか、まじめすぎて面白くないんだよね」

「本を買ってくれたの、ありがとう。心から感謝します」と伝えられたかどうか覚えていない。その人は、たまに食事に行く店の経営者だったが、わたしは、このおばさんはスゴイと思った。そんな率直な感想を面と向かって言ってくれる人はいないから、素直に耳を傾けた。わたしの書いたものは、たしかに面白くなかったと思う。でも、ほとんどが猫に関してのことだから、面白半分に書くなんてできないのだ。真面目すぎて面白くないと言われたことをときどき思い出す。わたしにとってためになる言葉に違いない。しかし、その店へは、とんと足が向かなくなってしまった。

自信を与えてくれたもの

「猫は、人と人との間に入って心の衝突をやわらげるクッションであるから、クッション依存症にならないように」などと、情緒的なことを以前に書いたわたしだが、高戸橋（東京都豊島区）の近くへ引っ越してから、あっという間に同居猫が7匹になった。それは、心にクッションが必要だったからではなかった。捨てられたか、あるいは親とはぐれてしまった子猫を見ると、こんなに小さいのにかわいそうじゃないかと思う。すぐ先の予定さえ約束を取りつけることができない不安定な職業についているが、子猫1匹くらいなんとかなる。なんとかしなくてはいけないのだ。高戸橋に近いこの家で、これからも猫たちと暮らしたいと思う。窓を開けると、都電の走る音が聞こえる。神田川は窓の下にこそ流れていないが、すぐ近くにあるというだけで心強い。

しばらく7匹だった猫の数が、ある日、6匹になった。

朝、プーシュキンの小さい器の水を替える。彼女は、1年半前に16歳で亡くなった。最期はわたしの目の前で、息をするおなかが膨らまなくなった。プーシュキンが入っている骨壺は、コンタックスのレンズケースにぴったり収まり、彼女は本棚の高いところからわたしたちを見つめている。

猫へのお供えは欠かさないのに、母親には水すら供えたことがない。小さいときに別れたから、供養する習慣がないまま過ぎてしまった。ふと、母ともっと話がしたかったと思う。

引っ越す直前のことだ。荷造りをしていて不思議なものを見つけた。「育児日誌」と箔押しされた青い布装丁のそれは、はじめて目にするものだった。いつからわたしのところにあったのか見当がつかない。もしかしたら、これは兄のもの？　わたしの育児日誌ではないのではないか。そう思いながらこわごわ開いてみた。

最初のページに大きく、敬子、とあった。母が書いた字なのだろう。何ページか先に、「ねこ、みいを見てよろこぶ。よく笑う。本当にかわいい赤ちゃん」と書いてあった。

見守っているよという天国からのメッセージだと思った。これからもわたしは猫を撮り続けていいんだ。先行きに対する不安が少し軽くなり、このまま前を向いて歩こうと思った。

あとがき

朝、起きるとまず、リビングの窓を開ける。猫たちは競うように鼻先を窓から出し、朝の空気から情報を得ようとする。わたしは耳を澄まして、都電の走る音を探し、あぁ、きょうも元気にやっているな、と思う。

顔を洗うより先にコーヒーを飲む。コーヒーミルを回していると、だんだんと頭が冴えてくるのがわかる。どういう回路でスイッチが入るのか、突然、他愛もないことが脳裏に浮かんでしまう。今朝もそうだった。25年前に郵便局でQ主任から言われた言葉を、また一つ思い出してしまった。

くまがやさん、と、わたしはお客さんを呼んだ。「あら、いやだ。新美さん、くまがやさんなんて名前はないの。くまがやなんて読み方、初めて聞いたわ」。そんな言い方をしなくてもいいのに。人名は「くまがい」と読むと教えてくれれば済むことではないか。そのくせ、わたしと同じ歳の局員が「たくしょくさーん」と呼んだときには、そのお客さん、柘植（つげ）さんに謝りもせずに、Q主任は大声で笑っていた。

こんなことを思い出してはじまる朝は不幸だけれど、猫たちがいるから思い出してもすぐに頭の中は別のことでいっぱいになる。猫のトイレ掃除をしたり、6匹それぞれに話しかけながら目ヤニを取ってやったりするうちに、がんばろう、という気持ちになってくる。

なにをがんばるのか。いまはありがたいことに写真を評価してもらっているが、いつお声がかからなくなるかわからない。どんな未来が待っているか知れないが、とにかく撮り続けることをがんばりたいのだ。

専門学校やカメラマンの弟子に入って写真の勉強をしたわけではないし、郵便局員をしていたというわたしの経歴は異色だと思う。そこに興味を持たれインタビューを受けたことが何度かあった。編集の吉野千枝子さんから、もう少し詳しく知りたいと言われ本書のモノクロの部分（注：本文庫では、89〜134ページ）を書き下ろしたわけだが、自分では原稿を書くのが速いと思っているわたしが、今回ばかりは長い時間を費やさざるを得なかった。こんなことを書いて、買ってくださった方をがっかりさせてしまわないだろうか。かわいい猫の写真が見たいのであって、こんな話が載っているとは思わなかったと言われたらどうしようと、書こうとする決心が揺らいだからだ。
　悩んだとき、高戸橋の上に立って都電荒川線の電車を見た。新目白通りからほぼ直角に曲がって入ってくる車両が少し傾いて、考えているように見える。そうか、電車だって考えるときがあるんだ。そう思うと自然と、はやる気持ちを落ち着かせることができた。都電の加速する音が好きだ。次の停留場ですぐにまた停車することがわかっているのに、一所懸命に加速するその音を聞くと励まされているような気がする。自分たちはみな、走って止まっての繰り返しだよと、教えられている気がする。

２００６年６月　　新美敬子

ここまでの都電停留場名は、2006年当時のもので、2025年現在は、「雑司ヶ谷」は「都電雑司ヶ谷」に変更されています。

第2章　ときどき子猫の下宿屋さん

いちにんまえの子猫に育てる

ときどき、子猫を預かるようになった。預かるというよりも、引き受けたというべきか。

うちで面倒を見ながら里親を探す。里親が見つからなかったら、ずっとうちにいればいいやという気持ちで、とにかく、いちにんまえの子猫に育てようと思った。

だいたいうちに来たばかりのときは風邪をひいていて、鼻水をたらしていたり目ヤニがこびりついていたりするから、ゆっくりでいいから、健康な子猫になるように世話をした。

うらわん & めじろん

知人から、子猫3匹を保護したと知らせがあった。

朝、職場敷地内の植え込みのなかをカラスがつついているのが遠くから見えた。ハンバーガーの食べ残しの紙袋かと思いながら近づくうちにカラスが飛び去った。紙袋が動いているのを見て、びっくり。なかに子猫が3匹入っていた。

「うちで面倒を見ますが、わからないことができてアドバイスをもらいたいときがあると思います。そのときはお願いします」。とりあえず、子猫用のミルクと哺乳瓶は用意したとのことだった。

5日後に、助けてほしいと連絡が入る。

「3匹のうちの2匹が元気すぎて。ミルク卒業の時期ではないかと離乳食を与えはじめたが、食べるときに1匹がゆっくりで。元気な2匹がすばやく食べたあと、もう1匹を押し退《の》けてごはんを貪《むさぼ》り食ってしまい、1匹は食べられない。子猫とは思えないほど2匹は凶暴」

ごはんの回数を増やしたり、別の部屋で食べさせるとか。机の上や段ボール箱に入れるなど2匹とは分けて、その1匹が落ち着いて食べられるスペー

スを用意したらどうか、といったところでなんのアドバイスにもならないほど、知人夫婦は憔悴《しょうすい》しきっていた。助けての連絡はすなわち、引き取ってもらおうと決めていたのだと理解し、わたしは元気すぎる2匹を引き受けることにした。

「いつまで預かってくれますか」、「いつごろ戻してください」などの話がなかったので、うちで育てながら里親を見つけますねと言うと、「お願いします!」と弾んだ声がしたのと同時にふたりの顔がパッと明るくなった。急な展開になってしまったが、子猫はいつも突然、だから。

その後、里親の名乗りがあったのが浦和と目白のお宅だったので、「うらわん」「めじろん」(白いほう)と呼んで、お届けまでの間に「いちにんまえの子猫」に育つよう責任を持ってかわいがった。

Mejiron

Urawan

Urawan & Mejiron

チアミン

夏の暑い日の正午過ぎに、犬の撮影で何度かお世話になったHさんから電話があった。「生後1ヵ月の子猫が迷い込んできたが、犬が襲うので面倒を見ることができない。お願いしたい。他に頼る人はいない。すぐに迎えに来て」という内容だった。お願いしたい、はいいが、迎えに来てといきなり言われても。茨城県北部のそこへは車で急行しても、2時間以上かかる。それに、午後からY編集者の来訪予定があった。

Hさんには義理があるからできる限りのことをしなくてはと思ったけれど、その日にやるべき仕事もあったし、すぐに行くのは無理だと断った。数日後なら行けるけれども……。

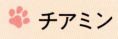

数日後でいいのか？　生後1ヵ月と断定できるのはなぜ？　迷い込んできたというのだから、子猫自身が歩いてきたのだろう。子猫のその時点の状態が心配になった。Hさんからデータで写真を送ってもらうことはできない。

保護したのは何時間前なのか。食べ物は与えたのか、食べたのか。水は飲んだのか。子猫はいまどうしているのか。などと質問を重ね、体重を測っ

てくださいと話しているうちに、全身白くて痩せているという子猫の芳《かんば》しくない状態が目に浮かび、心配と懸念が頂点に達してしまった。もしかしたら、危険な状態かもしれない。いますぐ行動を起こさなければと、頭のなかに、キャリーケースを片手に車に乗り込む自分の姿が浮かんだ。

これから、行きます。到着は、2時間半〜3時間後になります。その間に、コンビニでも売っていると思うのでレトルトの猫のごはんをなんでもいいので買って、器に出したらスプーンで潰《つぶ》すようにしてできるだけ柔らかくして与えてくださいと伝え、通話を切った。

まず、Y編集者の来訪予定を、夜8時以降に変更してもらい、推定7時間留守にするため、

やるべきことを済ませ、キャリーケースと飲み物を持って車に乗り込んだ。

電話を受けてから3時間後にHさん宅に到着。子猫を見た瞬間に、お風呂に入れましょうと言った。洗面台を借りて、湯浴《ゆあ》みをさせた。タオルドライをした後、ヘアドライヤーも借りて、休む間もなく子猫といっしょに帰路につく。

常磐《じょうばん》自動車道を突っ走りながら、この先の合流地点で渋滞するのはわかっているから、受付が7時までの動物病院に間に合うかどうかと気を揉《も》んだ。ギリギリになるか、少し遅くなってしまうかもしれませんがお願いしますと電話をした。

病院で、基礎健康チェック、ノミダニ駆除、ウイルス検査などをしてもらい、飲み薬と目薬

チアミン

をもらった後、8時前に帰宅できた。子猫をケージに入れて、ごはんを食べさせているときに訪れたY編集者。子猫を見てよろこぶかと思ったら、用事が済むや「おだいじに」と、早々に帰ってしまった。わたしは一晩中、子猫に寄り添い様子を確認しながら、原稿を書いていた。

1ヵ月後にY編集者が来たとき、ポツリと話した言葉が忘れられない。大きくなった子猫を見て、「こんなにきれいな猫だったんですね。よかった」と、気が軽くなった調子で続けた。

「あのとき、新美さんは大丈夫かって、思ったんですよ。明日の朝になったら、この子猫は死んでいる。可哀想にって、実は思った」

うちの猫たちは、あるときからタンニン、ペクチンにはじまり、カテキン、リコピン、グル

チアミン

テン、バニリン、リモネンという名前をつけてきた。預かった子猫には、この系統の名前はつけなかったのだが、茨城県北部から来た猫は、いずれ里親のところに行くとしても、それまではうちの子として育てたいと思い、チアミンという仮の名前で呼んだ。

もう十分に健康体になったし、間もなく2回目のワクチン接種をするので里親探しをしようと、そのとき連載を持っていた女性誌の担当編集者Sに写真を送った。わたしは、直接の知人友人か、よく知った人からの紹介の人にしか子猫を渡さない。まず一人に伺いを立て、知り合いにも里親希望の人はいません、と言われたら次の人に写真を見せるという手順で、里親を探す。何人もの人に同時に声かけはしない。

なんという偶然か、チアミンの引き寄せる力か。たぶん、チアミンは計り知れない強運の持ち主なのだと思う。メールで受け取ったチアミンの画像をモニターに大きく映し出したそのときだったという。営業部のB氏がたまたま後ろを通りかかり、担当Sに話しかけたのだそうだ。

「かわいい子猫ですね」、と。

「この子猫、里親さん募集中なんですよー。Bさん、いかがですかー?」

ここからは、担当Sも初めて聞く話だった。

B氏は、猫1匹と暮らしている。子猫のときから11年間いっしょにいる猫だ。人間の年齢にしたら何歳かとふと思い、計算式に当てはめてみたら、還暦ではないか。そうか、そのとき、自分の年齢を遥かに通り越しているのか。そのとき、確か

チアミン

に猫の老いを感じた。あと何年いっしょにいられるだろう？　もし、この猫にお迎えが来てしまったら、自分は立ち直れなくなること必至だ。間違いなくペットロスになる。それまでに、もう1匹猫を迎えたい。

そう思って、保護団体の子猫譲渡会を覗いてみたが、独身男性ひとり暮らしはだめ、譲渡対象者にあたらないと言われ、ショックを受けた。いや、きっといい縁があるはずと、気を取り直したところへチアミンの画像との出会いがあった。「こういう動機と経緯なのですが、子猫をもらえますか？」と、担当Sを通してB氏から里親希望の申し出があった。

チアミンは幸せになれる、よかった、と、寂しさに涙が出た。

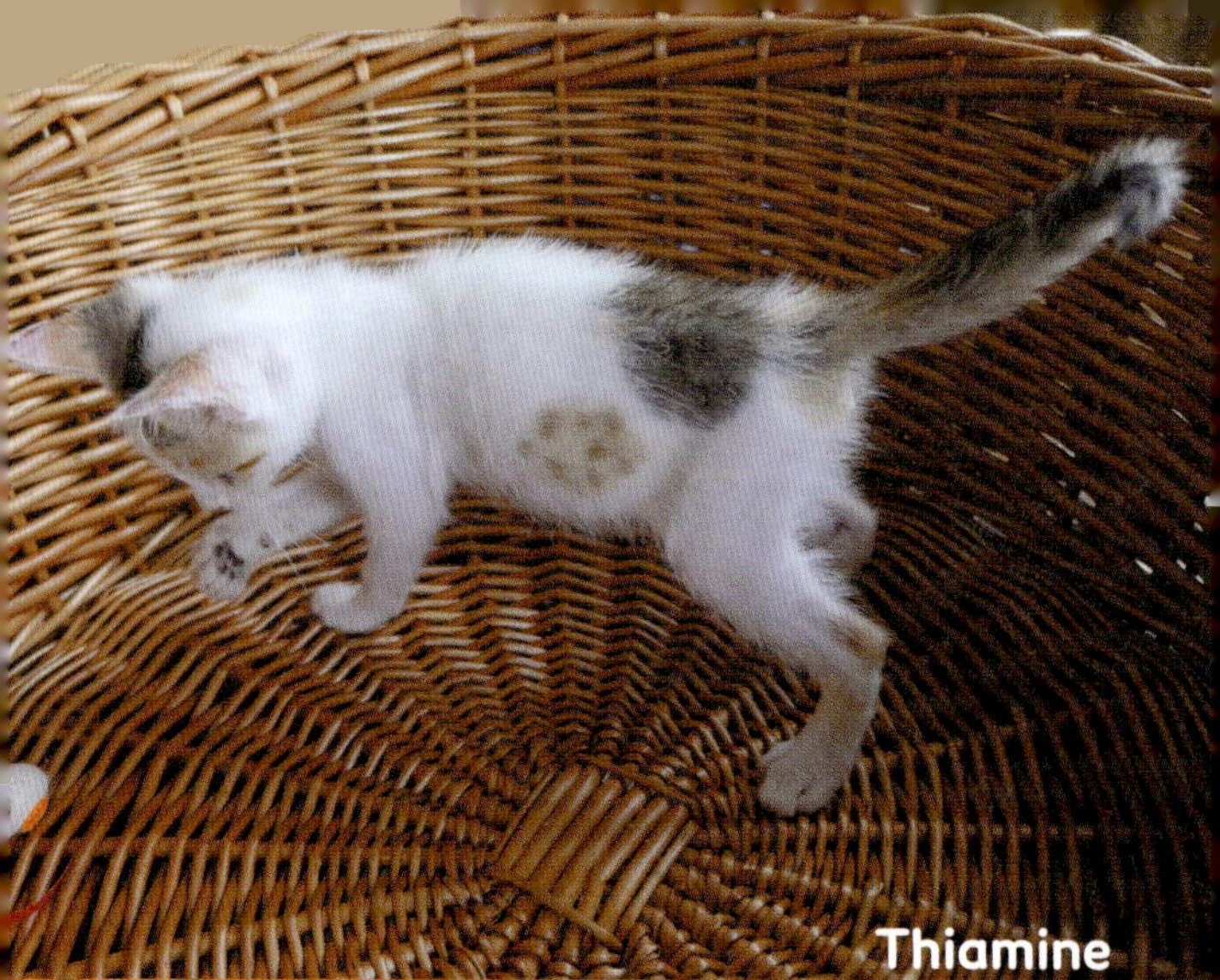
Thiamine

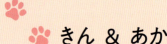

きん ＆ あか

仕事でのつながりがあり友人でもある年上のMさんから、「子猫がいっぱいいるから、撮りに来る?」と、そろそろ梅雨明けかという時期に連絡が入った。Mさんの家には老齢の猫が何匹もいるので、子猫一家には、軒下に簡易な家をこさえ、そこで暮らしてもらっているという。母猫1匹に子猫がなんと9匹! 1匹の母猫から9匹もたぶん生まれないので、4匹組と5匹組のきょうだいで、育児放棄をした母猫が近くにいるのではないかと推測した。Mさんは、「そんなことはどうでもいいのよ。おっぱいの数が足りないから、小さい猫にはミルクをやっているの」と、母猫の乳にあぶれた子猫を捕まえて、哺乳瓶でミルクを飲ませていた。

Mさんの話によると、数日前の夜、大雨が小降りになって、やれやれと思っていると家の周りの道路が冠水し、川のような流れになっていた。胸騒ぎがしたので懐中電灯を片手に外へ出てみる。と、向かいの家との間の路地に子猫が流されていた。拾い集めた子猫は4匹。とりあえず段ボール箱に入れ、拭いて、軒下に置いた。温かいミルクを用意して戻ると、母猫と思われる猫が箱に入っていて、子猫の世話をしていた。それはMさん宅

きん & あか

の庭にときどき遊びに来る顔見知りで、トラと呼んでいる猫だった。

トラ、しっかり食べてちょうだいと食べ物を与え、古いタオルなどを敷いたプラスチックのケースに4匹の子猫を移した。もう遅い時間だったので、子猫はトラに任せて休むことにした。翌朝、軒下を見ると、子猫の数は9匹になっていた。

そんな話を聞きながら、わたしは子猫を観察した。体の大きさや毛並みで2つのグループに分けられると思った。体の大きなグループは生後5週目くらい。一回り小さなグループは、毛並みがボソボソしていて、体の割に目が小さいという特徴があった。耳の大きさもよく見て比較すると、2つのグループには4日ほどの誕生日の違いがあるのではないかと思った。大雨で、トラの子ではない子猫たちの母猫は、身の危険を感じてどこかに身を隠してしまい、子猫の鳴き声を聞きつけたトラが運んできたのではないかと想像した。

「1匹、どお？　これなんかカテキンに似てかわいい」（カテキンは、その2年前に亡くなったわたしの猫で、Mさんもよく会っていた）。差し出

きん ＆ あか

された子猫を受け取ると、見た目よりもとても軽かった。２匹なら引き受けますよと、思わず言ってしまった。

９匹のなかで一番小さく見えたサビ模様と、カテキンに似ている子猫の２匹をわたしは連れて帰った（それでもまだ子猫は７匹いるわけだから、Ｍさんもトラも世話が大変だろう。３匹引き受ければよかったかなと一瞬思ったが、３匹はやっぱり大変だから、２匹でよしと思うことにした）。

うちでの呼び名は、「きん」と「あか」。サビ模様のオレンジ色が特徴的だったので、サビは「あか」と呼びたかった。もう１匹はカテキンから「きん」にした。

友人Ｇからの紹介で初対面の若い夫婦が見学

に来られた。どちらか1匹を選びたいということだったので、2匹いっしょの方が飼いやすいですよ、留守をするとき1匹だけだと心配ですが、2匹ならお互いを思いやり、遊びながらお留守番できますよ。などと、2匹で飼うメリットを話した。ほかにも子猫のときから2匹で飼うメリットはたくさんある。ただ、この子たちは、顔や体つき、柄を見ても想像できるように、たぶん姉妹ではないと思われる。もの心つく前から行動をともにしているし、同じ猫の母乳を飲んでいた時期もあるので、当猫たちはお互いに姉妹だと思っているに違いない。だからきっとずっと仲よし、などと説明した。

どちらか1匹でもかまわないので、いつでもまた子猫を見に来てくださいねと言うと、「よく考えてからお返事します」と、夫婦はそれぞれ、きんとあかの頭をなでてから帰られた。

きんとあかは、「セシル」「キー」という愛らしい名前をもらって、仲よくお転婆《てんば》に暮らしている。

Kin

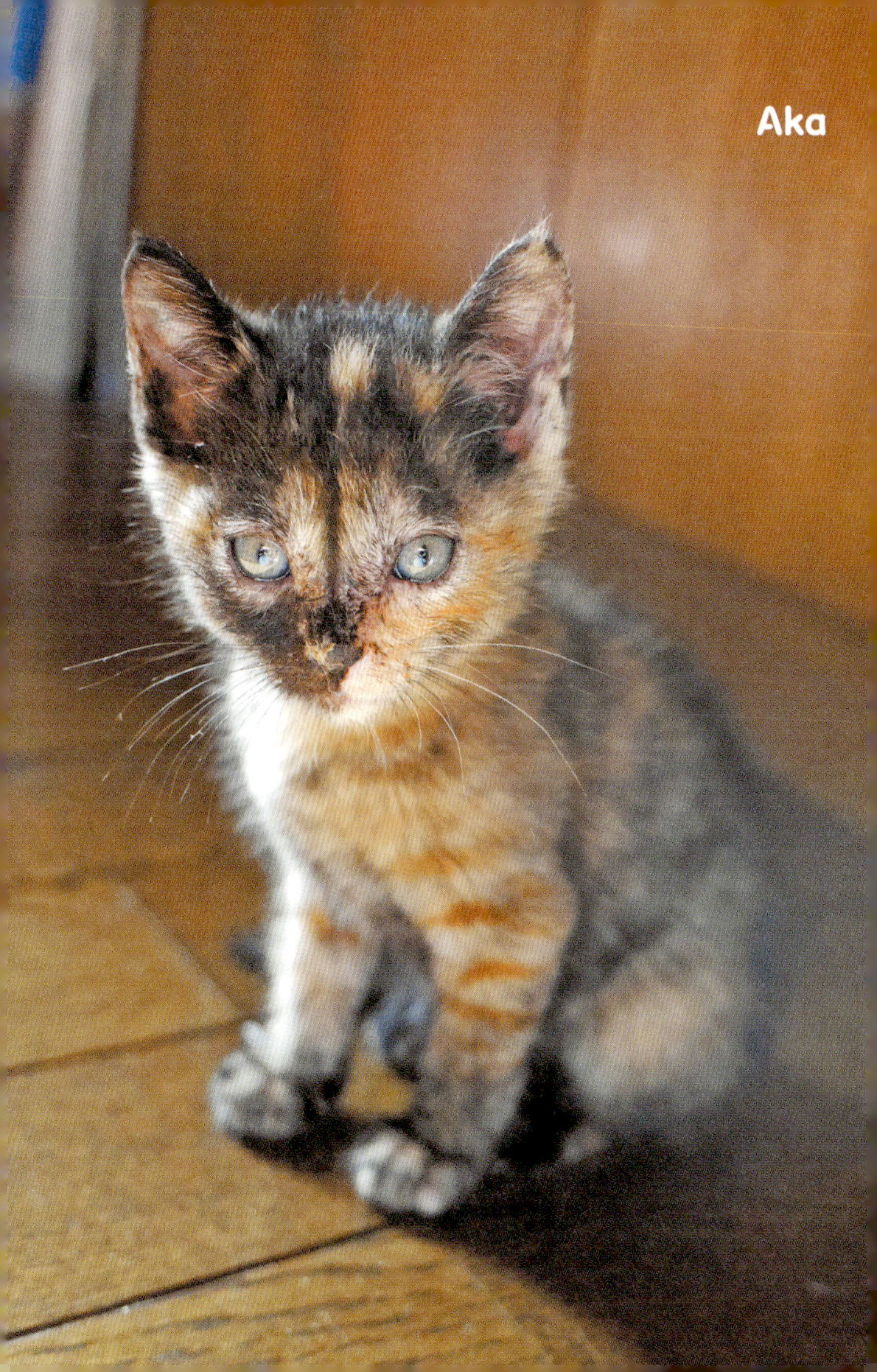
Aka

マリアン

きんとあかが新しい家に慣れた頃、Mさん宅にいた7匹の子猫たちも、すべて里親さんが見つかり、巣立っていった。母猫トラの健康状態を確認してから、避妊手術をするとのことだった。「猫にだって、産後の肥立ちが悪いとか、そういうことがあるのよ」とMさん。

それから1年後、「また、カテキンみたいなのを保護したから、取りに来て」と連絡があった。トラは手術をしてMさん宅の猫になっていた。「やっぱり近所にこの柄を産む猫がいるんだわ。捕まえて、手術をしなきゃ。でも不思議で、今回は、このチビ1匹だけが家の敷地の隅にいたのよ。誰かが置いていったのかしら?」

マリアンという名は、里親さんがつけた名前だ。写真を見ただけで名乗り出た人は、わたしが東京に出てきて割と早い時期に知り合った年上の男性C氏で、共通の友人が主催する食事会で年に数回会っているから、気心も知れていた。20代をフランスのパリ近郊で過ごした彼は、「女の子だっていうから、マリーアントワネットでしょって思って、マリアン、ってつけた」

うちでは、なんと呼んでいたのか思い出せなかったので、ブログを確認した。この子には呼び名をつけてなかったようだ。連日、様子をアップしているが「子猫」という表記になっている。

わたしのブログは、当初、ヤフーブログではじめたのだが（2005年12月1日から残っている）、ヤフーブログのサービスが終了するのを受け、2019年6月6日にシーサーブログに移行した。昔のヤフーブログ時代のものも継続して見られるので、記憶が曖昧なことがあったら、検索すれば確認できるから、ブログを書いていてよかったと思う。

この「ときどき子猫の下宿屋さん」に登場する子猫たちの名前を入れると、そのころの様子が出てくる。ああ、そうだったそうだったと、

マリアン

しばし確認するように思い出を手繰り寄せることができた。

マリアンをC氏に届けた際に、彼は背広の内ポケットから「これ、少ないけど」と封筒を差し出した。いえいえ、受け取っていません、どなたからも。お金、ですよね？　受け取ったことはありません。2回目のワクチンの前に手渡すことになった子猫には、約1週間分の食べ物とともに1回のワクチン代を渡すこともあるくらいです。猫にはこれからもっとお金がかかるから、子猫に使ってあげてください。避妊手術もしないといけないし。

「あ、そう」と、封筒はすぐにC氏の内ポケットに収まった。

Marie-An

第3章

長い長い皆既日蝕を抜けて

20年ふた昔

わたしはいま、埼玉県さいたま市浦和区に住んでいる。3年半前に猫3匹といっしょに移り住んできた。三毛猫グルテンは、この部屋で4ヵ月暮らしただけで、19歳と4ヵ月の天寿を全うした。いまいっしょにいる猫は、15歳7ヵ月の白い大きなバニリン、オッドアイのカロチン（7歳6ヵ月）のオス2匹だ。

引っ越して3年が過ぎようとする頃になってやっと、「落ち着いたな」と実感。すると、以前住んでいたところが恋しいような気持ちになった。そんな気持ちを感じるのは久しぶりである。

新型コロナのため自粛生活が続き、転居後も2年間はほぼ家に引きこもっていた。ワクチンを3回（なぜか3回とも異なる病院で）接種することにストレスがかかった。体力も筋力も落ちた。コロナ禍により、失った

ものはたくさんあった。仕事先、話す機会、希望も展望も気力さえもなくなった。失われたもののなかで最も大きなものは、〝自信〟だ。わたしのアイデンティティーというものが崩壊してしまったと、冷静になれたいまではわかる。

引っ越してきてからこれまでにわたしは、一体なにをしていたのだろう？　時間を無駄に過ごしてしまったと自責の念に駆られる日々を過ごした。実際には、連載の原稿を滞《とどこお》りなく納めていたし、『世界の看板にゃんこ』（河出書房新社）と『世界のまどねこ』（講談社文庫）の刊行もできたというのに。

電車の時刻表を覚え、最適な乗り換え方法を知り、東京に行くことにも慣れてきた。この「東京に行く」という感覚が、最初は不思議だった。でももう、東京に帰るところはない。東京は、「行く」ところに違いないのだ。生活のリズムが整い心に余裕が出てきたのか、ふと思い出すことが、辛い内容ばかりではなくなった。

都電荒川線に乗りに行きたいな、と、1両だけの電車が加速する音が胸

の奥から聞こえてきた。このとき、コロナがもたらした長い長い皆既日蝕を、やっと抜けられたんだな、と思った。

学習院下停留場から大塚方面に行く電車に乗ろうとするとき、踏切を渡る直前に遮断機が下りることがたびたびあった。ホームに並んでいる人数が7名以上なら、遮断機が上がると同時に小走りで行けば間に合う。5人以下だと、走ることはしない。

スロープを駆け上がってそのままホームに。車両の傍《そば》を疾走し、乗車する最後の人の後ろ姿が見えなくなっても、運転席の横に位置する乗車口のドアが閉まらなかったので、一呼吸待ってくれたかと思いながらその速度のままで、まさに乗り込もうとした瞬間、ドアを閉められた。チンチン！と発車した、あのときの悔しさは忘れられない。以降、無理はしないようにした。日中なら5〜6分も待てばまた次の電車が来る。

あれはもう15年くらい前のことになるだろう。カンカンカンカン……と、遮断機の警報音が聞こえ立ち止まる。ホームにいるのは6人か。走るかどうか悩むな、と思っていると、遮断桿《かん》の手前に立っているわたしの横、半

歩前におばさん2人が並んだ。姿勢を低くしたのでどうしたのかと見ると、「よーい!」のポーズをとっていた。徒競走のスタート前にとる格好だ。走る気満々なんだな。よぉし。すかさずわたしも半歩前に出て彼女らに並び、前足に重心を移して気づかれないほどに「よーい!」のポーズをした。車両が通過すると同時に上がりはじめた遮断桿をくぐるように前屈《まえかが》みになってダッシュ。そして、間に合ったので後続2人の位置を確認しながら乗車した。スイカ(交通系ICカード)をカバンから出して、ぴっ! ありがとうございますと運転士に言ったあとで彼女ら2人も乗車したというシーンを思い出した。

15年前に15歳くらい年上の人たちだったから、つまり、あのときおばさんだと思った2人と、いまのわたしは同じぐらいの年齢ということになるのか。あんなお茶目な格好はできないなと、2人の姿を思い出す。

女子高生のスカートが短かすぎてパンツが見えそうだったので、注意するというのではなく、なにか粋な言い方はないかと思案を巡らせたこともあった。結局なにも言えなかったが、あれは、スカートをウエスト部分で

くるくる巻きすぎなのだ。小太りの中年男性が、取っ手のついた焼酎の大型ペットボトルをリュックから出したかと思うと、いきなり飲みはじめたときには、心底びっくりした。ゴクゴク目を細めて飲んで、その後も電車に揺られてなんともなさそうだったので、たぶん中身は水だったのだろう。同じ量の水を持ち運ぶのなら、小さめのペットボトルを何本かにしたほうが飲みやすいだろうにと、老婆心ながら思った。

そうそう、こんなこともあった。年配の女性グループに車内で話しかけられた。新庚申塚で都営バスに乗り換え、浅草に向かうのだという。新庚申塚停留場を降りてからバス停まで少し距離があるので、大塚からJRに乗り換え……と言いかけたところで、「それじゃ意味がないのよ。パスが効かないから」。都内の民営バスや都営交通等に乗車できるシルバーパスの乗り放題を利用して月に1度、自分たちで企画する遠足を楽しんでいるのだと得意げに話していた。「時間はたっぷりあるけど、お金は大事だからね。今日は、どじょうを食べに行くのよ。この人の90歳のお誕生日のお祝いなの」。うわぁ。どじょうですか⁉ 彼女らのお達者ぶりを見習わな

くてはと元気が出た。

そんな、都電のことをいろいろと思い出していたら、ある本に綴った一節が脳裏に浮かんだ。あれから、20年が経過した。

日本カメラ社から『職業犬猫写真家　猫とわたしの東京物語』をリリースしたのは、２００６年７月のこと。月刊『日本カメラ』誌（日本カメラ社刊）で、２００５年１月号から12月号に掲載された「猫も歩けば……」の記事（写真と文）をまとめたものに、エッセイを書き下ろし、写真を加えて構成した書籍だ（株式会社日本カメラ社は、２０２１年４月末日に会社清算、解散している）。

Ｂ５正寸の判形で１２０ページ。良質な紙を使い、印刷にも力を注いだ。ソフトカバー（並製本）であるものの、とても豪華なフォト・エッセイ集だと自分では思っている。わたしの70作近い著書のなかでもとりわけ異質な本で、担当編集者が書いたオビの惹句《じゃっく》には、「東京を歩いて出会った人々を活写し　猫という名の〝居場所〟を綴る　新美敬子の傑作写文集」とある。

東京と謳《うた》ってはいるものの、都電沿線で撮影した写真が中心で（荒川区、

北区、新宿区、文京区、豊島区）、その他の区（江東区、渋谷区、墨田区、世田谷区、台東区、中央区、目黒区）で撮影したものも、各区で1〜2枚を掲載している。

見出しタイトルが都電荒川線の停留場名になっているのは、都電に乗って小さな旅をした記録だったから。必ずしも停留場周辺での出会いというわけではなく、なかなか猫にも人にも出会えなくて、どんどん歩いて行った先の話もある。もちろん、停留場のすぐ近くでの出来事もあるが、タイトルの地名は、起点という意味だった。

「高戸橋」は神田川にかかる橋の名称で、明治通りと新目白通りの交差点に接している。その交差点にある信号機のアーム部分に「高戸橋」の表示を見ることができる。ラジオの道路交通情報で「高戸橋まで△キロの渋滞です」とよく流れてくるので、この地名を耳にする人も多いと思う。豊島区高田と新宿区戸塚の境界にあることから、高田の「高」と戸塚の「戸」を合わせた名称なのだそうだ。本文庫第1章の最後のほうに「高戸橋交差点」というタイトルで、その近辺での暮らしを綴ったが、住まいの最寄り

の駅は、都電荒川線の学習院下だった。
学習院下の部屋で過ごしたのは、23年と1ヵ月。南と西に向いたほぼ正方形の角部屋で、光がよく入った。1度目の大規模修繕（築13年目で実施）のときには、猫が6匹いたから、彼らが怖がらないか心配でならなかった。なにしろ黒い網状の養生幕がかけられて部屋が暗くなってしまったかと思うと、ベランダを知らない人が行き来し、いきなり大きな音を出して作業をはじめるのだから。
わたしが怖がったり落ち着かない態度になったりしたら、猫たちに影響すると思い、できるだけ平常心でいた。アポイントのない撮影の仕事は早朝に済ませ、工事開始時刻（8時前）までには部屋に戻るようにした。工事がはじまった最初の頃こそ、猫たちは身構えている様子だったが、慣れるもので、次第に大きな音も平気になっていった。
リフレッシュするための大規模修繕だろうに、工事が完了して養生幕が外されると、建物全体がくたびれたように見えた。それから9年が過ぎた頃、そろそろ2度目の大規模修繕の準備をはじめる時期だと管理組合の総

会で報告があった。次の大規模修繕では、住居内への立ち入り作業もあると聞き、高齢の猫もいたので心配と不安で、わたしは神経質になった。可能ならば、引っ越しがしたい。そこへ、新型コロナの流行がやってきた。

　上の階のLさんとスーパーのペットフードのコーナーでいっしょになったとき、「引っ越しの準備に入っているの。新美さんも引っ越したらいいわよ。いまが引っ越しどきよ」と、突然話しはじめた。「もうこんなところ、さっさと見切りをつけて、新しい環境で生活をはじめましょうよ」と。Lさんが「もうこんなところ」というのにはわけがあり、住人と諍《いさか》いがあったからだ。わたしはその集合住宅内の人間関係で気になることはなかったが、管理会社の管理体制や能力、共用部分の清掃が行き届いていないことに不満はあった。しかし、引っ越しとなるとそう簡単にはいかない。

　コロナで仕事が激減したし、リモートでほとんどのことができる状況を理解できたので、なにも都心で暮らす必要もないか。逡巡《しゅんじゅん》を経て、くたびれた部屋から心機一転！　という気持ちで、引っ越すことを決意した。『職業犬猫写真家　猫とわたしの東京物語』を読み返し、若かったな、と

思った。20年前に書いたものだから、年齢が若かったのはもちろんのことだが、向こう見ずというか、飾ったり盛ったりすることを知らないというか。一所懸命だったんだなと、我がことながら、寂しさが伝わってきた。還暦を過ぎたいまのわたしも寂しいことになんら変わりはないし、馬齢を重ねただけだから。20年前のわたしを励ましたくなった。

ただ素直に正直に生きていたあの頃のわたしを探しに、2024年初夏、再び、わたしは東京を歩いた。

浦和駅からJR京浜東北線に乗って王子駅まで。都電荒川線の王子駅前停留場は、JR王子駅のすぐ脇にある。ある日は三ノ輪橋方面へ、またある日は早稲田駅方面へ行くホームに立った。王子駅前停留場は、都電の30ある停留場のちょうどまんなかにある。

浦和の部屋からだと、都電に乗るまでに50分くらいかかる。学習院下の部屋からだったら、駅まで3分。7分も待つことなく電車が来たのに。早く都電に乗りたくて、王子駅までの乗車時間を長く感じた。

荒川遊園地前

都電荒川線の電車の窓から外を見るのが好きだ。猫の姿があると、次の停留場で降りてその場所へ戻るということがかつて何度もあった。今日はまず三ノ輪橋まで行き、線路沿いに広がるいくつかの町をぐるぐる歩こう。疲れたら都電に乗って、王子まで戻ればいいや、という計画だった日の朝、車窓から屋根の上にいる猫が見えた。三ノ輪橋まで行かず、王子駅前の数停先で降りることにした。

思ったよりも早く猫のいる家に着いた。屋根の上の猫に目をやると、下りようとしている。え？　と不思議な気がした。初対面の人間に気を許すタイプではないと判断したわたしの見立ては間違っていたのか？　屋根から門柱の上に飛び移った猫は、遠いところを見ながら前足をフミフミ（足踏み）した。そして、するりと地面に下りた。

「みいちゃん、下りなくていいのよ。上でおやつあげるから」。年配の女性がファスナーつきのプラスチック・バッグを手提げ袋から出しながら、猫に話しかけていた。「ほらここ」と、門柱の上にドライフードを10粒ほど置くと、猫は垂直に塀を蹴って門柱に上った。

この三毛さんとお友だちなんですね。いつもおやつをあげているんですか？　挨拶の言葉とともに軽く会釈をし、話しかけることができたのが、自分でも意外だった。以前は当たり前にできたのだが、こうした状況で言葉を発するのは4年以上なかったことだ。

「そうね。うちはすぐ隣なのよ。朝の散歩からいま帰ったところ。散歩の帰りにみいちゃんにおやつをあげることにしているの。あらかわ遊園まで行って、折り返して、みいちゃんにおやつまでがルーティン」

うなずきながらルーティンという単語をキーワードとして心に留めたとき、あ、電車が来る。心の中でつぶやいてカメラを構えたところで、「みいちゃんの写真が撮りたいの？」

はい、都電といっしょに猫を撮りたくてと、短く答えながら、いまは質問しないでというパルスを送り、カメラを構えた。この距離からだと、都電はどのくらいの大きさにフレーミングできるのだろう？　それをまず、把握しないといけない。が、あれ？　電車が来ない。そうか、この区間は、自動車道路の中央に線路がある形態なので、交差点の赤信号で電車が停車

する。1分くらいで動き出すだろう、とカメラを構えたままチャンスを待っていると、「あ、反対からも来るわよ」。

団塊世代と思われる女性は、撮影現場を知っている人ではないかと思った。質問しなかったし、本人も話さなかったけれど、身のこなしかたに感じるものがあった。宣伝部でキャリアを積んだ人かもしれない。「そこ、入ってもいいわよ。あとでおうちの人に話しといてあげる」と、玄関の前を指差した。シャッターを押す直前までみいちゃんの近くにいて、カメラを見ていた。都電の速度を耳と背中で感じ取っているようだった。

みいちゃんを画面の中心より半分の部分に配置し、もう片側に車両を入れる構図にしようと決めているのに、このままでは彼女がメインの写真になってしまうな。ま、それでもいいから猫と車両のバランスを見る

ためにまず1枚撮ろう。そう思いシャッターを押すと、一瞬で彼女はサッとしゃがみ込み、画面に写り込まなかった。

「あら、いいわねー。みいちゃん、お写真を撮ってもらったのね」と、門柱の上にドライフードを再び盛った。みいちゃんはやはり気難しい猫で、「手を出すと、引っかかれるから、気をつけて」と教えてくれた。それから、上り下り4両の車両とともにみいちゃんを撮った。その間、彼女はみいちゃんの機嫌をとってくれていた。

撮影した時刻がデジタルデータとして残っているから、彼女と出会った時刻を確認しよう。ルーティンなのだから、同じ時刻に行けば会えるだろう。おかげさまでこんなふうに撮れましたと写真を持って、お礼を伝えに行こう。

荒川一中前

王子駅前から終点の三ノ輪橋停留場まで来ると、降車口のホームでウェディングの撮影をしていた。リハーサルのような気楽な雰囲気だったが、たぶん、ぶっつけ本番の記念撮影。台湾か香港から撮影に来たカップルなのだろう。質問したかったけれど、時間に厳しく動いていると感じ取り、邪魔にならないように通り過ぎた。若くて（20代前半？）細身の新郎新婦と、3人の女性。コーディネイター兼ディレクター、カメラ担当、ヘアメイク兼衣装担当といった役割の人たちだと思う。その人たちも若かった。20代だろう。新郎新婦含め5名が日本人でないことは、服装や足元を見てわかった。台湾か香港から3人を帯同させての撮影だとするとすごいな、お金がかかかっているなと思った。

都電の踏切でウェディング写真の撮影をするシーンは、何年か前、学習院下でも見たことがある。踏切の遮断桿が上がるとともに、純白の衣装の花嫁が踏切中央に座り込み、都電の車両を背景に写し込もうとしている様

子だった。あれ？　カメラはどこ？　と探してみると、100メートルほど離れた先の踏切上に長玉（望遠レンズ）をつけたカメラを構える男性がいた。電車は学習院下停留場でしばらく停車しているから、何パターンか撮れるだろう。圧縮効果を狙った写真も撮れる。なかなかよい撮影場所を見つけたと感心した。都電の車両とのフォト・セッションをするなら、毎月4日、14日、24日の、4のつく日は避けたほうがいい。巣鴨の縁日の日なので、都電のダイヤが必ずといっていいほど乱れるからだ。あと、桜が咲く季節の週末もダイヤは乱れる。

三ノ輪橋停留場からアーケードのある商店街に入り、住宅地の路地もくまなく歩いた。そうだ、20年前、わたしは確かにここにいた。正確にいうと、19年前、か。

日本カメラ誌の連載「猫も歩けば……」の初回を早稲田にしたので、最終回は三ノ輪橋にしようと、ここへ来たのだった。ジョイフル三の輪商店街のどこか店先に猫がいたらいいなと期待したが、出会えなかった。「猫はいませんか」と尋ねることをためらう活気と、なにかがあった。

デジタルカメラに移行していない時期だったので、記録媒体はポジフィルムだった。活気はあるが、暗いなと思った。アーケードが暗かった印象が残る。アーケードの行き着いた先は、荒川一中前停留場。そこからまた歩き出すと、道幅が広くなっていることに気がついた。植え込みの中から目を光らせている黒猫がいた。ベニヤ板で入口が封鎖されたアパートの外階段の上で、老いた猫が舌を出したまま眠っていた。

三ノ輪橋停留場付近での猫との出会いを諦め、南を向いて歩いて行った19年前。大通りではなくて、ジグザグと路地を歩き進むと、いつの間にか見覚えのある町並みにたどり着いた。子どもの喚声がときどき風に乗って聞こえたと思う。その後、隅田川へと自然と足が向き、川沿いで猫と出会ったのだった。

２０２４年のいつまでも暖かい秋、吾妻橋《あづまばし》から桜橋までの川岸を歩いてみたのだが、そこに猫の姿はなかった。ただ風の音が、無造作にわたしの耳を叩いていた。

新庚申塚

2021年春のこと。転居先をどこにするか、あてはなかった。友人知人が近くにいる場所がよいだろうと思うものの都電沿線を離れがたくて、ペット可集合住宅の物件を都電沿線で探した。

「集合住宅でなくて、小さな一軒家という選択肢もあるよ」と友人からの提案を受け、戸建てにも検索の幅を広げると、予算内で移れそうな物件が見つかった。同じ豊島区内だったら、転居に伴う諸手続きが少しは簡単になるかもしれない。

生活環境の調査。まずは、ゴミの収集がどうなのか。そして、夜。暗くはないか、近くに街

灯があったら、家の外観や家のなかが明るすぎないか。雨の日の足回りはどうか。曜日や時間を変え、都電に乗って、現地を訪ねた。

その小さな一軒家を勧めた友人だったが、「3階建てだと階段が面倒で、上下に動かなくなり、リビングのある2階だけで暮らす例もあるらしい」と、マイナス情報を入れてきた。

いや、わたしはそんな階段を面倒に思うなんてことはない。運動になるし。瞬時にそう反応したものの、静かに想像をした。1階に洗濯機があって、干すのは3階。狭くて急な階段を、洗濯カゴを抱えて上がるのか？ いま現在の体力ならできる。なんでもないことだろう。でも、10年後も変わらずにできるのか？

ここに住んでまた子猫の世話ができたらいい

など、明るい希望を持った小さな一軒家計画だったが、年齢を考えると、先に進めなくなってしまった。少しの間だったが夢を見させてくれたあの家を見たくなり、電車を降りた。
新庚申塚から歩きはじめたら、何度か通った道なのに、もう、わからなくなっている。たどり着けないかもしれないと思いながら歩き続けると、想像もしていないところでその家が目の前に現れた。築浅中古物件の小さな3階建ての家は、周囲の家が取り壊され、孤独な状態になっていた。歩く速度を緩めることなく通り過ぎる。2階の窓にキャットタワーが見えた。あぁ、わたしもキャットタワーをそこに設置しようと思っていたよ。ここに住んでいる家族と猫が幸せだったらいいなと、立ち止まらず、家の前を

通り過ぎた。
　隣の停留場の西ヶ原四丁目を目指して、狭い路地を曲がると、ゆっくりと歩く猫の姿があった。20歳近いのではないかと思われるその猫は黙々と歩いていた。家の引き戸は猫が通れる分だけ開いていて、猫は入った途端に響き渡る大きな声で鳴いた。「ただいまですよ、帰りましたよ」と叫んでいた。「おかえり」の声を待っているのか。飼い主も高齢なのだろう、と思った。

向原

向原停留場から東池袋四丁目停留場までの路地を歩いていたら、突然、広大な整備された公園が現れて、わたしはワープ（瞬間移動）したのか？と、目をシパシパさせてしまった。まさか。ここは南池袋公園？ そんなわけはない。グリーン大通りは横断してないから。見覚えある南池袋公園（2009年から7年かけて整備された）とよく似ているが、ぐるりと見渡せば、南池袋公園より、より広くて高低差があるので南池袋公園でないことはわかった。しかし、ここはどこ？ そうだ、と扱いに慣れないスマホを取り出して地図を開けば、旧造幣局東京支局の跡地で、としまみどりの防災公園として整備された公園だとわかった。そうか、旧造幣局跡地ねと納得し、こんなに広い土地だったんだ、と見渡した。

そして、その日のうちにまた、同じく狐につままれたようなことが起こる。鬼子母神前停留場周辺の雑司が谷の路地を懐かしく思いながら歩いていると、突如として、だだっ広い空間が目の前に現れた。そこに隣接する「こどもひろば」は、記憶に残る場所だが、こんな広い土地はどうしたの？以前は何があったところなの？ と、まず思った。こどもひろばを背にし

て目をつぶれば、昔の情景が蘇る。ネットが張られた校庭が脳裏に浮かんだ。あぁ、そうだ！高田小学校があったところだ。高田小学校もこんなに広かったんだ。

都市型という名の画一化された公園は、殺伐として見えた。樹木は植えなくていいのだろうか？誰もいない広い平面をぼんやりと眺めていると、身体に吹き抜ける風もなく、まるで透明人間になってしまったような感じがした。

公園を取り囲む古い住宅は、それぞれ脇腹や背中を公園に向けているような無防備な姿に見えた。世代交代の時期を迎え、東京はこれからも変貌し続けるのだろうと思った。

向原停留場で降りて、周辺をよく散歩した。いつも猫がいる場所がいくつかあったので、そ

れらの場所を巡り、猫の顔を見るだけで楽しかった。
　明治通りのバイパスを通す道路工事と同時に、都電の線路を移設する大規模な工事が行われていて、学習院下から向原までの区間には、通行できない線路沿いの道や、封鎖されている踏切もある。この場所も大きく変わっていくなぁ。少し寂しい気持ちがした。
　あ、あの場所の猫は？　別のところの猫のことも気になり、向かうべき場所がいくつも思い浮かぶ。いっぺんに回ると疲れてしまうので、また来ればいいからと、まず、ある場所へ向かうことにした。そこは、狭い路地が入り組んだ場所にあり、階段2段分くらい下がる段差に突きあたる。建物に囲まれていることから薄暗い

のだが、そこでいつも出会っていた猫たちに会いたいと思った。

　4年ぶりに訪れた、秘密の場所。猫はいなかった。ブロック塀に、「猫に餌を与えること禁止」と貼り紙があった。太い油性ペンで、丁寧に書かれた文字だった。それを撮ろうと立ち止まったとき、なにかが光ったので見ると、防犯カメラがこちらへ照準を合わせたような感じがした。以前は設置されてなかったと思っているうちに、なんだか気味が悪くなってしまった。こんなところに防犯カメラを設置する意味があるのだろうか、と。家に帰ってから思った。あの貼り紙は撮りたかった。Ａ４の普通紙が貼られているだけだったので、雨が降る前にもう一度行こう。猫がいる、餌を与える人がいる、それを禁止したい人がいることを語っているものだから。

　そして翌朝、京浜東北線王子駅経由でわたしはその場所に立った。貼り紙がなくなっている。確か、ここに貼ってあったはずだと、周りを見渡す。防犯カメラのレンズがそこにあるということは、この場所で間違いない。貼った人が剝《は》がしたのか？　そう思っていると、段差の下を猫のシッポの先らしきものが移動しているのが視界に入った。

段差の下の路地に若い女性が座っていて、猫2匹が足元にいた。若い女性は、カジュアルなトートバッグを傍に置き、なかには猫に与える食べ物をはじめ、遊び道具、体を拭くシートなど猫のためのものが入っているようだった。

「わたしは毎朝ここにいます。365日、11時まで。それから出勤します」と若い女性は話した。彼女が体育座りで地面にいるので、話しづらかった。わたしは3年前まで学習院下に住んでいて、浦和に引っ越してしまったんですが、この場所には、以前よく来ていたんですよ。この猫たちは、そのときには見なかったですね。前屈みになってそう話しても、全く興味がない様子で、相槌《あいづち》がわりに2匹の猫につけた名前を教えてくれた。

そうだまた、あの場所へ行かなければ。はじめて会った猫たちがいたなら、教えてもらった名前で呼んでみよう。貼り紙は、その後、貼られているのかどうかも気になる。彼女に会ったらわたしも座り込んで、静かに猫の話を聞こう。

これからもときどき、都電荒川線の小さな旅を続けたいと思う。

Epilogue
エピローグ

あの頃のわたしが
いるかもしれない

その姿があったら
伝えたいことがある

東京の路地を再び歩き
都電の踏切を
いくつも渡った

小さな突起に
つまずいて

ここにわたしは
もういないと気づく

家に帰ろう
待っている猫がいる

あとがき

日に日に夜明けが遅くなっている。東向きで近くに高い建物がないこの部屋には、朝日が直接やってくる。遮光カーテンを開けるとき、カロチンが半目になって「まぶしい〜」という顔をするので、カーテンはゆっくりと開けることにしている。

バニリンが亡くなった。

この本の編纂をしているさなか、天に召されてしまった。病院の酸素室で眠るように息を引き取った。わたしは、飼い猫が亡くなったことを、身近な人にもすぐには伝えることができない。伝えるのが怖い。死が、怖い。亡くなった猫に申し訳ない気持ちが込み上げてきて、自分を責めてしまう。第2章の最後（171ページ）に出てくる白いおとなの猫がバニリンだ。子猫の体重測定に付き添う1コマだが、このページを作成したときには、こんな不幸が訪れるなんてまるで想像もつかなかった。彼は、カロチンとわた

しを置いて突然、いなくなってしまった。
カロチンが、わたしの手の甲を甘噛《あまが》みして気を引こうとするなど、いままで以上に甘えてくる。子猫のとき大きな猫が4匹もいたから、猫ひとりだけになってしまったいま、それは寂しいだろう。カロチンの喪失感といったら、わたしの比ではないのかもしれない。うちの猫たちはみんなやさしくて、預かった子猫を見守ってくれた。乳飲み子がいるときは、就寝前にミルクを与え、夜半にもミルクをやるために目覚ましをセットするのだが、「赤ちゃんがお腹すいたって」と、鳴る前に起こしに来たことが何度かあった。
猫たちとよく話した。カロチンを譲渡会でもらってきてから3週間くらい経った頃だろうか。赤トラ猫のリモネンが「カロチンちゃんは、里親さんが見つからないの？　見つからなかったら、うちの子にしちゃえばいいじゃん」と、話しかけてきた。カロチンは、うちが里親だよ。どこにも行かない。リモくんがお兄ちゃんだよ。リモネンは、かわいがった子猫との別れが何度もあったから、また別れることになるのだったら悲しいと思っていたようだ。「にいちゃんのカッコイイところを見せてやろうか」と、子猫の前で張り切っていた姿を思い出す。そのリモネンとも、もう会えない。

部屋の明かりを消して窓の外を見ると、丸い月が輝いている。これまでに長くいっしょに暮らした猫たちの顔が思い浮かぶ。「泣かないで」と空の向こうから声がした。泣いてないよ。先行きが不安で、立ち尽くしたこともあったけど、いままでそうしてきたように、行けるところまで行くしかない。歩こう。腹を括《くく》って。いつかはうれしいことがあって、笑顔になれるときが来ると思うから、そのときは、あなたたちもとびっきりの笑顔を見せてね。

瞼《まぶた》のなかに、猫たちの安心した顔が浮かんだ。ありし日の彼らの仕種や表情をときどき思い出しながら、わたしなりのこれからを、ささやかに生きていこう。カロチンが寄り添ってきた。猫は、あたたかい。

2024年11月　　新美敬子

本書は２００６年７月、日本カメラ社より刊行された『職業犬猫写真家　猫とわたしの東京物語』を改題、加筆、修正し、新たに写真と文章を加え、編集した文庫オリジナルです。

本文デザイン＝STILL
編集協力＝松崎久子

|著者| 新美敬子　1962年愛知県生まれ。犬猫写真家。郵便局員を経て1988年よりテレビ番組制作の仕事につき、写真と映像を学ぶ。世界を旅して出会った猫や犬と人々との関係を、写真とエッセイで発表し続ける。近著に『猫のハローワーク』『猫のハローワーク2』『世界のまどねこ』(講談社文庫)をはじめ、『世界の看板にゃんこ』(河出書房新社)、『わたしが撮りたい〝猫となり〟』(イマジカインフォス)など。

猫《ねこ》とわたしの東京物語《とうきょうものがたり》

新美敬子《にいみけいこ》

2025年1月15日第1刷発行

発行者――篠木和久
発行所――株式会社　講談社
東京都文京区音羽2-12-21　〒112-8001
電話　出版 (03) 5395-3510
　　　販売 (03) 5395-5817
　　　業務 (03) 5395-3615

Printed in Japan

講談社文庫
定価はカバーに
表示してあります

KODANSHA

デザイン―菊地信義
本文データ制作―講談社デジタル製作
印刷―――株式会社KPSプロダクツ
製本―――株式会社国宝社

ISBN978-4-06-538237-0

講談社文庫刊行の辞

二十一世紀の到来を目睫に望みながら、われわれはいま、人類史上かつて例を見ない巨大な転換期をむかえようとしている。

世界も、日本も、激動の予兆に対する期待とおののきを内に蔵して、未知の時代に歩み入ろうとしている。このときにあたり、創業の人野間清治の「ナショナル・エデュケイター」への志を現代に甦らせようと意図して、われわれはここに古今の文芸作品はいうまでもなく、ひろく人文・社会・自然の諸科学から東西の名著を網羅する、新しい綜合文庫の発刊を決意した。

激動の転換期はまた断絶の時代である。われわれは戦後二十五年間の出版文化のありかたへの深い反省をこめて、この断絶の時代にあえて人間的な持続を求めようとする。いたずらに浮薄な商業主義のあだ花を追い求めることなく、長期にわたって良書に生命をあたえようとつとめるところにしか、今後の出版文化の真の繁栄はあり得ないと信じるからである。

同時にわれわれはこの綜合文庫の刊行を通じて、人文・社会・自然の諸科学が、結局人間の学にほかならないことを立証しようと願っている。かつて知識とは、「汝自身を知る」ことにつきていた。現代社会の瑣末な情報の氾濫のなかから、力強い知識の源泉を掘り起し、技術文明のただなかに、生きた人間の姿を復活させること。それこそわれわれの切なる希求である。

われわれは権威に盲従せず、俗流に媚びることなく、渾然一体となって日本の「草の根」をかたちづくる若く新しい世代の人々に、心をこめてこの新しい綜合文庫をおくり届けたい。それは知識の泉であるとともに感受性のふるさとであり、もっとも有機的に組織され、社会に開かれた万人のための大学をめざしている。大方の支援と協力を衷心より切望してやまない。

一九七一年七月

野間省一

講談社文庫　最新刊

泉 ゆたか
うぬぼれ犬
〈お江戸けもの医　毛玉堂〉
動物専門の養生所、毛玉堂は今日も大忙し。女けもの医の登場に、夫婦の心にさざ波が立つ。

矢野 隆
籠 城 忍《しのび》
〈小田原の陣〉
籠城戦で、城の内外で激闘を繰り広げる忍者たちの姿を描く、歴史書下ろし新シリーズ！

新美敬子
猫とわたしの東京物語
上京して何者でもなかったあのころ、癒《いや》してくれたのは、都電沿線で出会う猫たちだった。

山本巧次
戦国快盗 嵐丸
〈朝倉家をカモれ〉
張りめぐらされた罠をかいくぐり、天下の名茶器を手に入れるのは誰か。〈文庫書下ろし〉

講談社タイガ
紺野天龍
神薙虚無《かんなぎうろむ》最後の事件
〈名探偵倶楽部の初陣〉
人の数だけ真実はある。紺野天龍による多重解決ミステリの新たな金字塔がついに文庫化！

金井美恵子

軽いめまい

解説=ケイト・ザンブレノ　年譜=前田晃一

郊外にある築七年の中古マンションに暮らす専業主婦・夏実の日常を瑞々しく、シニカルに描く。二〇二三年に英訳され、英語圏でも話題となった傑作中編小説。

978-4-06-538141-0
かM6

加藤典洋

新旧論　三つの「新しさ」と「古さ」の共存

解説=瀬尾育生　年譜=著者、編集部

小林秀雄、梶井基次郎、中原中也はどのような「新しさ」と「古さ」を備えて登場したのか？　昭和の文学者三人の魅力を再認識させられる著者最初期の長篇評論。

978-4-06-537661-4
かP9

講談社文庫　目録

2024年12月13日現在